家居收纳达人的
装修计划书

周建志　著

海峡出版发行集团 THE STRAITS PUBLISHING & DISTRIBUTING GROUP | 福建科学技术出版社 FUJIAN SCIENCE & TECHNOLOGY PUBLISHING HOUSE

射手座的建志，碰上狮子座的我，两位性格直来直往的设计师，成为了好朋友。我永远都记得他告诉我的："兄弟，我们就当好朋友！"一年总是见不到三次面，聊天总是在三更半夜，印象最深的一次，是建志跟我聊起："张馨是什么样的设计师？张馨代表着什么？要如何让人记得你？"他要我好好思考，说完便又挂断了电话……留下还想继续谈心的我，这就是建志"快狠准"的谈话风格。说话请说重点，重点讲完就走人，但他的每句话真的都是精华。建志的行事作风，一向是不多说废话、不浪费时间、想到就得去做的行动派，果然是标准的射手座。

建志总告诉我，你付出给人，就可以得到更多，这是我在他身上学到的第一件事。跟他吃饭的时候他总是很忙，一边听你说话，一边吃东西，一边拿两三支手机，打字联络事情。但就是那么不专心的人，还真能把你的话都听进去，他就像是一台性能很好的超级电脑，可以多路处理很多事。不过只要话说完了，肚子差不多饱了，他就会说："那我先闪了，我还要回公司处理事情。"接着，不知道他什么时候叫好的出租车就来了……办事效率超高。

荧幕前超有亲和力，讲笑话功力也是一流，表面和善但其实个性并非完全如此。他跟厂商、员工说话时，总是严肃地交代事情，仔细分析设计的利弊，确认客户付出这个价钱是否值得。好比他买一个东西，他会研究这个东西的评价、使用功能，以及它跟价格是否相对等。一直以来他都很重视"使用"这件事，所以这次建志出这本书，我看了书上洋洋洒洒列了上百个好使用、好收纳、好清洁的设计，让我想起，每一次见面他总要拿着手机，分享"这个好用""这个尺寸很符合人体工学""那个设计我发现不好用，我又改了"。这本书的出现，无疑是这几年来他跟我陆续分享的设计与实用收纳大集锦……而我对建志还有他设计空间的想法，真的就是"好用、好用、很好用！"

温暖与实用，是春雨设计的风格……而高高壮壮的他，有着爽朗的笑声，心思却是格外的细腻。建志创造了春雨设计，对于读懂他想法的好朋友，还有已经生活在他设计的房子里的人们，真会打从心底有种润泽的感受。

张馨室内设计／瀚观室内装修设计 设计总监

每年都能出一本书，是我的愿望。希望通过图片、文字，记录每一位客户跟团队之间的互动过程。

朋友们也许都听说过，"空间设计"是一门百分之百以客户需求为导向的产业。而春雨设计又是坚持"实用路线"的专业团队，往往在美感和实用的天平上，我们要付出更多的心力才能兼顾两者。但过程中客制化的细节其实不胜枚举，好比拿卧室床头两侧很常见的壁灯设计来说，我们得依据屋主喜好挑选灯具款式，纳入环保、节能议题来设定光源种类，依使用习惯决定灯光是否微调、要分几段切换，最终造价还要合乎预算等等，从多个方向来整合，但是完成后可见的成果，太多只是情境或比例上的美仑美奂而已，看不见的巧思太多。所以我希望通过创意、实务经验、工艺美感集结成册的方式，让每一颗向往筑巢圆梦的心，都能从我的书里的某个章节获得灵感，进而建立起生活中所有美好的可能。

回顾过去十余年，台湾装修市场一直处在北热南冷的状态，不过春雨设计团队试图通过实际行动，证明"设计&生活质量"不应有地域之分！在前后长达九年的时间里，春雨设计的台中据点逐渐成长茁壮；而高雄分公司成立至今，也正式迈入第四个年头。能有这样的好成绩，当然同仁们不懈的努力很重要，但客户群的支持与肯定更是关键！展望未来，我们期许为更广泛的客户层，提供量身定制的服务，并以此书的出版，感谢北、中、南广大朋友的热情应援。

春雨时尚空间设计 负责人　周建志

目 录 CONTENTS

第 1 章　跟我这样制订 住宅装修计划书

- 住宅设计，对生活的实质性影响　　　10
- 钱花在刀刃上，预算有限也能有好住宅　　　14
- 准备装修前，还需要注意的事项　　　18

CHECK LIST
- 好宅 好使用 元素　　　22
- 好宅 好收纳 元素　　　24
- 好宅 好清洁 元素　　　26

第2章

人见人爱的门面 玄关

- 一点也马虎不得，居家好风水从玄关做起　30
- 玄关功能，决定每天看起来是狼狈或是优雅　34
- 迎宾门面从容得体，才能让人留下好印象　38

CHECK LIST
- 6 个玄关 好使用 的细部设计　42
- 9 个玄关 好收纳 的细部设计　44
- 7 个玄关 好清洁 的细部设计　48

- 实用住宅收纳达人的玄关小笔记　50

第3章

全家人最眷恋 客厅

- 还原空间，开放格局天天可以举办派对　54
- 化解讨人厌的梁柱体，这几招最实用　58
- 组织性收纳功能，住再多年也历久弥新　62

CHECK LIST
- 6 个客厅 好使用 的细部设计　68
- 7 个客厅 好收纳 的细部设计　72
- 3 个客厅 好清洁 的细部设计　76

- 实用住宅收纳达人的客厅小笔记　78

第4章 生活得心应手 餐厅厨房

- 中岛吧台，全家人梦想的早午餐地点 82
- 灯光美气氛佳，星级餐厅在我家 86
- 餐厅厨房完善收纳，在家轻松化身料理大师 90

  - 7个餐厅厨房 好使用 的细部设计 94
  - 9个餐厅厨房 好收纳 的细部设计 98
  - 5个餐厅厨房 好清洁 的细部设计 104
- 实用住宅收纳达人的餐厅厨房小笔记 106

第5章 空间利用率大增 多功能房

- 透明隔断法，让空间看起来比实际大得多 110
- 是书房也是客房，把空间效益放大两倍 116
- 摆脱笨重书柜体量，创意书房这样搭 120

  - 7个多功能房 好使用 的细部设计 124
  - 9个多功能房 好收纳 的细部设计 128
  - 5个多功能房 好清洁 的细部设计 134
- 实用住宅收纳达人的多功能房小笔记 136

第6章 神清气爽超疗愈 卫浴间

● 超有品位气势，打造饭店式卫浴间　　　140

● 家里就是日式汤屋，随时享受泡澡乐趣　　　144

● 告别湿答答，卫浴间变干爽其实很简单　　　148

V CHECK LIST
● 9 个卫浴间 好使用 的细部设计　　　152
● 8 个卫浴间 好收纳 的细部设计　　　156
● 5 个卫浴间 好清洁 的细部设计　　　160

● 实用住宅收纳达人的卫浴间小笔记　　　162

第7章 回家就像住饭店 卧房

● 一夜好眠，温柔自在的寝居风情　　　166

● 镁光灯焦点，打造时尚女王更衣室　　　170

● 让小小主人翁安心成长的儿童房　　　174

V CHECK LIST
● 9 个卧房 好使用 的细部设计　　　178
● 10 个卧房 好收纳 的细部设计　　　182
● 5 个卧房 好清洁 的细部设计　　　188

● 实用住宅收纳达人的卧房小笔记　　　190

第 1 章

跟我这样制订

住宅装修

计划书

住宅设计，
对生活的实质性影响
修正空间缺失 + 美学风格整合 + 契合实际需求

大同小异的建筑格局，并非适合每个人的生活习惯，只有通过设计巧思，改善先天条件缺失，才能将其变成自己期望的生活空间，让人真正享受家的意义。

有的家庭成员较多，希望住进大房子；有的囿于预算，只能购买套房。正是因为每个房子有不同的空间属性，每个人也有不同的生活习惯，加上房地产商盖出来的房子，基于降低成本考量，大多是千篇一律的制式格局，无法符合个性需求，这时便需要借助设计技法，进一步改善空间缺失，统整实际需求，完成风格诠释，拉近空间与人的关系，进而对生活产生正面影响。

● 设计是让空间契合生活需求

无论买的房子是新屋还是老屋，很多屋主都会问："一定要进行设计装修吗？"或者说："这样住进去不行吗？"依我这些年接触到的屋主，一开始确实都会有这些疑虑，觉得已经花了好几百万甚至千万买了新屋，不希望再额外花一笔钱重新敲敲打打做装修。

这样的心情我相当理解，不过除非是依据心中家的蓝图自地自建，否则市售成屋很难迎合每个人的生活习惯与品味喜好，所以或多或少必须通过设计主导，将空间做妥善分配放大既有尺度，将某些梁柱加以修饰遮掩避免突兀，将水电管线重新配置确保居住安全，将颜色重新搭配营造个性情境，将采光与通风条件改善提升生活品质等等。如此一来搬入其间生活，就不会觉得委屈，五年、

十年甚至二十年后，仍觉得合情合理。

● 设计师能发挥巧思协助整合

明白了设计对于空间是否契合实用的重要性后，屋主可能还会浮现"那么一定要请设计师吗？""自己规划设计可以吗？"等疑问。这些其实没有一定的标准答案，端看自己的想法与需求。请设计师或者自己规划设计，两者各有优缺点。

如果新居空间没有太多硬件设施需要变更，只有家具装饰等软装等着陈设，那么真的可以自己发挥巧思创意，进行天地壁颜色的搭配、家具款式造型的挑选，甚至自行发包木工或师傅，量身定制各项家具，如此除了能够更好地掌握预算支出，也能通过投注心力与想法，跟生活空间建立起紧密的情感联系。不过这样一来也得注意到，自行规划设计时，要学着统整所有需求与风格，并且与木工师傅建立良好沟通，尽量减少认知上的差距，得到自己想要的结果。

至于工作比较忙碌的屋主，无暇自行设计规划乃至于发包工程，那么可以请专业设计师协助，善用其对于空间、材质、工程与美学的整合能力，把自己对于家的想法一一落实。同时因为设计师更懂得设计从发想到施作的流程顺序，整体风格能更加协调一致，结构性与安全性方面也可提供更恰当的建议。当然请到设计师就须要额外支付设计费与监工费，但这是取舍问题，毕竟设计师能够节省屋主的时间，监控施工过程并确保完成质量，花的钱还是值得的。

钱花在刀刃上，
预算有限也能有好住宅

合理分配预算 ＋ 该花的不能省 ＋ 该省的不能花

面临空间跟预算都有限的时候，不该怨声叹气，而是先了解自己到底需要什么，从中厘清并拟定各种优先顺序，将钱花在刀刃上，追求实际使用效益。

无论是决定自己发包工程还是请设计师协助，总得准备好装修预算，然后秉持钱花在刀刃上的原则，能省的一定要省，但是该花的也一定要花。尤其像隔间墙、水电等基础工程不能省，还有与生活息息相关的收纳规划，应该一次做足才能一劳永逸，不会因为发生漏水、东西没地方放等问题，导致三年一小修、五年一大改，这无疑是给自己找麻烦。另外就装饰程度来说，家是时间情感的一种累积，所以装饰部分不必第一时间全部到位，可以慢慢地随着不同生活阶段添购，也能有助于减少支出花费。

● 先列出装修重点顺序

除了区分一定要花钱的基础工程和可以逐步添购的装饰部分之外，要精准地控管预算支出，应该再把设想的家居场景清单列出来，通过重点顺序拟定，了解预算最多可以支付到哪一范围。喜欢接待客人的，应对公共领域陈设比较在意；喜欢在家下厨的，应重视厨具设备；希望回家彻底放松休息的，卧室跟卫浴间营造会是设计重点。这样分析家庭生活习惯，才能真正把预算花在刀刃上。另外，不同的空间风格也会衍生不同的预算施作重点，像古典风、乡村风注重天地壁装饰，现代风、工业风则家具搭配是重点。依据风格演绎规划出预算投入比例，同样有助于在预算内完成居家梦想。

● 再拟出第二替代方案

有时候列出了装修重点顺序，还会碰到一种状况，那就是某项工程是在优先范围之内，但是占据过多预算，排挤其他项目，这时候会建议再拟定第二替代方案。例如材料有许多价格等级，不一定要选最贵的，可以使用有同样效果但价钱较便宜的款式；或者家里旧有家具和家电仍可用，那就继续使用不要再花钱购置新品；还有木作费用过高的话，可以减少施作范围，部分柜体改由系统柜与量产家具取代；而在天地壁构成中，原本有赋予造型变化的话，可以删减夸饰的环节，回归空间本质，实现预算控制。

做了这么多将预算花在刀刃上的努力后，屋主对装修的态度也非常重要。第一，拟定并确定设计风格开始进行施作之后，千万不要随意变更，因为已经施工了突然再调整格局配置，或是家具重新改变尺寸、造型或材质，等于从头再来一次，势必增加额外支出，甚至达两倍花费以上，因此为了避免这种情况发生，屋主要跟师傅、设计师事先做好沟通，自己心底也要有定见，不要人云亦云而擅自改变。第二，施工阶段无论发包给师傅还是请设计师，仍需抽空自行确认施工品质，避免偷工减料的状况出现，否则入住之后一旦发生问题，还是自己要出钱善后，得不偿失又劳心伤神。

准备装修前，
还需要注意的事项

了解需求本质 + 收集相关知识 + 拟定预算计划

因为需要投入时间与金钱，家居改造装修不是一件可以儿戏的事，需要秉持严谨、认真且精打细算的态度，让自己收获幸福愉悦的生活美景。

首次购屋进行设计装修的屋主，肯定会觉得整个过程中充满不确定性。为了把事情做到最好，避免自己投入的时间与金钱无法获得同等回报，做好事前准备工作很重要，从空间风格的确认、装修方式的确认、材质等级的确认到费用支付的确认，都应该亲自了解涉略，避免开始施工后显得手忙脚乱。

● 尽量收集装修相关知识

想要设计装修过程顺利且不会受骗上当，自然要充实自己的装修知识。无论是否请了设计师，这毕竟是以后自己要住的家，有些关键装修工程，像是平面功能的布局、水电线路的配置、隔墙结构的安全、材质的耐用品质、风格诠释到不到位等等，都应该要有所涉略，方便在施工阶段能够监督查看，而不是全权交付他人负责。

了解相关装修知识的渠道众多，书籍、杂志、电视与网络，相关知识五花八门又琳琅满目。建议多吸收专业术语与专有名词的用法，然后多看多比较，有机会多逛逛家具店或建材店也不错，但也切记要尊重师傅与设计师的专业，不必拿着看到或听来的意见无理质疑，应该彼此善意沟通，厘清心中疑惑以及进一步确认施作流程，才能让事情有完美的结果。

● 装修支付预算要准备好

在空间配置、材料挑选与家具搭配等方面，与设计师或师傅取得最终共识方案后，如果没有资金，便无法雇请工人以及购买建材进行施工，所以记得还要花些心思与时间，了解整体家居装修总共需要多少预算以及如何支付工程款。

关于预算，可以先请合作的设计师或师傅，依施工细项制定详实的估价单，如此一来，除总预算之外的拆除、木作、泥作、水电、油漆、照明、空调及家具装饰等环节的支出也都能一目了然。有了清楚的预算对照，屋主不仅知道哪个施工阶段需要缴交多少费用，也能够从中控制预算，如果某个部分花费过高，能够在施工之前赶紧进行最后调整。

接着，付款方式需要跟师傅、设计师好好讨论，目前主要收取费用区分为设计费、监工费与工程款。其中，设计费和监工费可以依照双方协定，看哪个阶段要先支付订金，哪个阶段再缴清尾款；至于工程款部分，有的签约时需先支付总额 30％ 的费用，余额则依进度分期多次缴付，像木作进场时付工程款 30％，油漆工进场再付工程款 30％，完工验收后付最后 10％ 以及追加减支出。因此屋主依循进度流程做好资金调度准备即可，如果发现自有资金不足，要赶紧跟银行申请相关贷款，以免违反合约，甚至耽误搬入新屋的时机与进度。

好宅 好使用 元素

量身订制各项生活机制，更能贴近人心
因为家居不是样品屋，所有配备陈设不仅要能够用，
还要契合习惯容易上手，才能彰显价值。

因为家居是有机复合体，不仅空间布局有不同功能，使用者的习惯也有所不同，
因此在设计规划上，必须纳入多方因素进行量身定制，才能打造出好用又适宜
的各项生活机制。

了解生活习惯
首先得了解每位使用者的生活习惯与
需求，对重复的功能进行整合，冲突
的机能则分别备置在各自的使用区域，
只要不影响视野的宽敞与动线流畅的，
能配置就尽量配置。

参照空间条件

对应空间条件是希望做最适当的功能设
定，如果空间格局尺度不适合，想配
置的生活功能必需借助设计巧思加以转
化，并从人性化角度出发，才能真正贴
近需求，不至于无法使用又浪费空间。

● 公共领域

客餐厅在讲究美学与气势之外，实用性不能偏废，一旦不好使用会导致家人不愿意使用，则让其失去家庭重心地位。而厨房即便空间不大，也必需秉持"工欲善其事，必先利其器"原则，赋予充足且多元的功能，使下厨变成一种享受。

● 私密领域

卧室功能配置应该诉求简单与实用，才能营造出舒适、自在又无压力的情境氛围，以免造成生活困扰，影响休憩与睡觉心绪。卫浴间部分就必须"麻雀虽小五脏俱全"，除了基本功能外，应尽量增添辅助配备，这样使用起来更安全无虞。

● 过渡空间

举凡玄关或走道，大从柜体高度，中至灯光感应，小到把手开关，关键在于细节布局，务求使用起来能得心应手。

好宅 好收纳 元素

依据需求规划，才能发挥最大使用效率

收纳方案要规划合理且符合需求，不让物品到处散乱堆积，
家才能像个家，才能提升生活质量。

收纳，一直是家居是否美观舒适的关键，在制订规划的策略上，应该先参照空间面积大小条件，再来根据每个区域的不同使用需求，制订不同的收纳方案。

● 大面积家居

对于空间较宽裕的家居来说，除了基本的家电柜、餐橱柜和衣柜之外，不妨设置独立储藏间，让不常用到的生活物品，有更适当收纳隐藏的地方。

● 小面积住家

家居空间较局促有限，收纳的规划最好连同天地壁一体考量，物尽其用，连畸零空间都不可放过，然后像是沙发、茶几、座榻、床头主墙、床下等，都可以赋予实际收纳功能，大幅度提升空间使用效率。

● 公共领域

家庭生活重心所在的客厅、餐厅与厨房，应该让摆放家电设备、装饰展品和餐具的柜体与整室风格呼应，才能兼顾主题气势与实用便利性。

● 私密领域

为了营造舒适、休闲的情境，衣柜须配置足够，维持清爽视野，心情自然愉悦。而摆放一堆瓶瓶罐罐的卫浴间，鉴于空间有限，柜体要重视位置与尺寸，既不要干扰行进动线也要拿取方便。

● 过渡空间

玄关占据面积虽然不大，但进出家门时，鞋子、衣帽、钥匙和雨具等都有收纳陈设需求，建议一体整合，设置封闭式与开放式相结合的柜体。至于通往卧室的走道，如果宽度够或深度长，两侧立面可安装柜体或底部设置端景柜，既增加收纳量又丰富空间层次。

好宅 好清洁 元素

就算天天使用，也能永远维持良好状态

追求家居美观是理所当然的事，
但如果实际使用中无法防污、抗损又难以清理，却会让人烦恼头痛。

住家不能一味追求好看而已，还应容易维持干净整齐，毕竟天天生活在里头，
实际使用情况也应兼顾。因此规划之际，材质、色调与功能需一并考量，确保
使用起来得心应手，清洁不费时不耗力。

● 材质挑选

为了避免沟缝藏污纳垢以及好清理，天
地壁尽量挑选防刮又容易擦拭的高硬
度材质，像石材、玻璃、金属砖、超耐
磨木地板等都可列入考虑，然后柜体使
用塑合板、美耐板或不锈钢，也能抗污
保持干净。

● 色系搭配

容易脏的角落，或是常使用到的地方，
如踢脚板、门板、转角墙壁、厨房，都
建议挑选容易清洁又带有深色调的材
质，一旦有脏污，至少稍有掩饰效果，
不会太过明显。

⬤ 公共领域

客餐厅在高频率使用状况下，必须时时保持干净利落，才能予人好印象，所以除了色系应该讲究明亮透净，质地更要强调耐用与耐脏，如此便不易显得陈旧而毫无生气。

⬤ 私密领域

一天至少有八小时都在卧室，为了营造舒适的睡眠情境以及确保生活健康，从立面装饰、桌椅床具到贴身寝饰，同样要耐脏好整理。而早晚都会使用到的卫浴间，尤须注意防滑、防刮与防污，维持应有的干净清爽。

⬤ 过渡空间

玄关是进出频率很高的过渡地带，容易沾染外头带回的灰尘，因此天地壁的材质与色系，更需要耐擦不易显脏才行。

第2章

人见人爱的门面

玄关

一点也马虎不得，
居家好风水从玄关做起

屏障挡煞 + 杜绝落尘 + 明亮光感 + 通风去秽

作为进出动线交汇之地，与其说玄关承载诸多风水考量，不如说是要营造舒适明亮的空间感，让人一回到家就有愉悦心情，自然而然地生活万事皆能顺遂。

第1步
进出要缓冲

把端景当成屏障，营造转折动线

如果家居一进门没有入户阳台可以作为进出缓冲，为了避免"穿堂煞"风水顾忌，可以依据格局地形，配置屏风或隔断形成端景，让大门不会直接对冲客厅甚至对外窗，产生调节气场的作用，进出家门也有助于转换心境。

玄关的端景屏障，可分成实墙、实柜、屏障或活动屏风等种类。选用哪一种就看玄关与客厅的相对关系。一般来说，家居格局宽敞又采光充裕，玄关不会显得促狭阴暗，可配置柜体端景增加实用功能；但如果是小面积住家，最好陈设半透明材质屏风、格栅造型屏障或活动式屏风，达到从门外无法轻易窥视客厅的程度即可。

另外，除了陈设屏障，也可通过不同地板材质或是高低落差，区隔玄关与公共区域。如此一来玄关还能当成落尘区，将外出鞋沾染的尘土杜绝在生活空间之外，有着把尘嚣烦恼等不好事物留在外头的意涵。

第 2 步
视野要明亮

材质透光不透视，提升舒适度

为了不要一回家就觉得光线暗淡，失去住家应有的活力朝气以及迎宾门面的形象，玄关即使陈设鞋柜与端景屏障，也应该保持一定的明亮度，尽量不要忽略照明环节。

因此在整体陈设装饰上，无论何种风格演绎，建议先简化线条构成，赋予清爽明亮基调。像是柜体隐于立面、门板使用暗把手、电表箱借助画作遮掩、善用穿衣镜折射放大视野等设计手法，都可以有效营造舒放敞朗的情境。并且对于小户型住家来说，玄关色调印象最好能以高明度为主，适时搭配灯光照明后，便能够降低局促拥挤感受。

至于考量风水而用来形塑动线转折的端景屏障，不妨使用雾面玻璃、压花玻璃等半透明材质，借由透光不透视的特性，兼顾美观与采光。当然屏障也可以采用直向或横向格栅造型，营造半透视层次，或者下方柜体悬空辅佐间接光源，上方保持穿透引光照射，都有助于提升玄关亮度。

来，
跟着建志这样做！

A. 避免穿堂煞，陈设屏障转折
B. 落尘不入室，地板划分隔区
C. 忌阴暗秽气，引导光线穿透
D. 隐藏杂乱物，色调明亮活泼
E. 柜体要通风，减少异味蔓延

玄关功能，
决定每天看起来是狼狈或是优雅

收纳要足 + 功能要多 + 照明要亮 + 动线要顺

玄关不仅是家居门面，也是打理自己门面的最后关卡，只要整体规划配置得宜，从换穿鞋、整理仪容到拿钥匙出门，一路得心应手，带着好心情出门去。

善用既有格局，配置各式收纳橱柜

玄关好功能

第1步

柜体要做足

用"麻雀虽小，五脏俱全"来形容玄关功能规划，应该一点也不为过，因为位居出入动线的重要关卡，要换穿鞋子，要整理仪容，要摆放钥匙、雨伞、雨衣或安全帽等生活用品，又要有衣帽间悬挂外出衣物与客人衣物，因此不大的空间需规划足够的收纳柜体才行。

一般来说，去除掉大门跟通道，玄关只剩两侧立面可以陈设柜体。为了善加利用，记得先考量全家人生活习惯与需求，思考有多少物品会放在玄关，以及每项物件的大小尺寸类型。然后再依据空间高度、深度与宽度，设计不同的柜体造型，可以有摆放钥匙杂物的抽屉柜，陈列外出鞋的伸缩层板，放置内用便鞋的上掀柜，陈列生活用品的上下柜，或可当成装饰展示的移动端景柜等，赋予多元物品收纳功能。

这么多种柜体想真正好用，切记还要依据使用习惯安排前后与上下顺序，就能避免赶着出门之际手忙脚乱。

第2步
细节要贴心

增添多元使用功能，满足生活需求

任何设计想要好看又好用，细节至关重要。因此在以大面积端景屏障与大型收纳柜体为主要陈设的玄关，不妨更讲究细节构成，增添多元使用功能，大大满足生活需求。

例如把柜体当成立面一部分，隐藏于空间构成之中，整体配置大片镜面，可当穿衣镜又可延展空间感。柜体下方予以悬空，除降低体量压迫感之外，还可辅佐设计间接光源以及透气孔，从而强化照明与通风，方便整理仪容又能避免柜内物品散发异味。配置按压式门板，则可避免出入碰撞把手，门板内还可安装挂钩放钥匙。

柜体中间不妨镶嵌展示平台，可顺手摆放钥匙或零钱，再设计移动式穿鞋椅，不用时与柜体一体收纳，要用时轻松拉出即可，椅垫下方同样能赋予收纳功能。另外，玄关照明尽量独立于客厅灯光开关，甚至配置感应式灯光，赶着出门时便不怕忘记关灯，或者晚上回家一开门就有照明，心生安全感。

关键点

来，
跟着建志这样做！

A. 收纳依类别，拿取才方便
B. 柜深善利用，创造高坪效
C. 一面穿衣镜，整装没烦恼
D. 灯光照明足，进出保安全
E. 门板顺方向，动线不打结

迎宾门面从容得体，
才能让人留下好印象

端 景 造 景 ＋ 格 局 延 展 ＋ 立 面 装 饰 ＋ 地 坪 气 势

虽然玄关面积通常不会太大，但其天地面值得费些心思着墨，赋予一家门面该有的主题装饰，既可成为其他生活空间的风格引子，也能让宾客留下深刻印象。

第1步
面面要有型

从天地面营造迎宾情境，传达生活品味

既然都说玄关是家居给人的第一印象，因应风水与功能进行布局后，也应该着手玄关情境的营造，以辉映整体空间调性以及投射屋主生活品味。

玄关门面区分成天地面，建议依据空间大小还有风格基调，赋予丰富或简单的视觉构成。其中，若想打造华美玄关，天花板可做层次降板或装饰收边；立面端景处可陈设画作，衬托吊灯或壁灯，烘托完整气氛；柜体门板更可勾勒立体雕花，妆点出情境气氛；如果面积足够大，地板施作双色大理石拼花，也能增添层次感并彰显迎宾气势。

若想打造简单却不落俗套的玄关印象，天花板做平整修饰遮掩梁体，再垂挂别致灯具便可凝聚视觉焦点；墙面铺贴图腾壁纸，屏障隔断展现曲面弧度，木作柜体除了单纯突显材质本身的色泽纹理外，不妨镶嵌异材质或者下方悬空，都可强化利落但不单调的空间感受；为了划分独立区域，地板材质可不同于公共区域而做出明显区分。

玄关
好印象

第2步
材质要耐用

慎选材质搭配，才能好看又持久

费尽心思营造玄关门面情境，当然要好好选择耐用、耐脏、耐磨又耐看的施工手法与材质，才能确保品质美感隽永。

一般来说，除了活动式端景柜、鞋柜与屏风，重新形塑的玄关隔断、立面与柜体，大多经过量身规划。因此最好确定设计师统整所有需求，施作过程也按部就班做到完善收尾，杜绝缝隙、不密合或高低不平等状况，避免造成操作损害。

因为玄关出入频繁，脚踏与手摸次数一多，容易脏污损坏，所以使用的木作、系统板材或石材要慎选，像容易清洁保养的美耐板、集成材、不锈钢、镜面、超耐磨地砖等都可列入选择考虑，至于天然实木与大理石材应该经过特殊处理，达到不易褪色又有防污、防水功能。

当然屋主自己也要勤快检查，像是门板五金要定期保养维修以免松脱，踏垫或布料要经常清洗，都有助于维持玄关门面亮丽如新。

来，
跟着建志这样做！

A. 端景有品味，凝聚好印象
B. 柜体隐无形，营造利落感
C. 修饰梁柱体，延展又流畅
D. 立面挂画作，增添文艺风
E. 地板双拼花，大器兼华美

6个玄关"好使用"
的细部设计

镜面柜·透气百叶·按压门板·暗把手·便鞋区

玄关既然要能看又能用，设计细节应该讲究创意巧思，大从柜体伸展出穿鞋椅、门板安装透气孔，小到把手隐于无形，都要能够在使用上更贴切且具亲和性。

 透气百叶

细部1

玄关最主要的陈设是鞋柜，无论外出鞋或内用便鞋，一家人起码共有数十双鞋收纳在柜体之内，为了避免潮湿与闷热衍生出异味，柜体不妨安装透气百叶，营造空气对流。

细部2 沟缝把手

位于内外进出动线上的玄关立面不宜有太多凸出物造成身体碰撞，但考虑到柜体需有把手才能方便开启，这时可以在门板上装饰线性沟槽，用一指就能轻松扳开，然后镂空缝隙兼当透气孔使用，改善扰人异味。

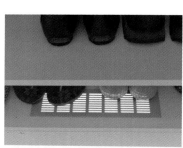

 便鞋区

细部3

喜欢分门别类收纳的人，可以将外出鞋跟内用鞋分开收纳，比如在玄关鞋柜下层规划室内便鞋区；如果是悬空式柜体，还可利用下层安装透气孔，不影响视觉美观，又达到通风效果。

细部6 暗把手

玄关柜体好不好使用，五金配件是关键，除了内部收纳层板，柜门板不妨挑选具有设计创意的暗把手，当按压下去时予以关合，按压弹起时则可以当成把手，将柜门开启。

细部4 镜面柜

在更衣室穿搭好服饰，到了玄关套上鞋子后想再做一次定装审视，那么玄关少不了一面穿衣镜。为了节省空间配置，可以将柜体门板连同立面一体安装镜面，既有助于延展放大空间感，也能让柜体隐于无形，形塑出简约利落的迎宾门面。

细部5 穿鞋椅

家中如果有长辈或小孩，穿脱鞋的时候需要有座位，那么可以在玄关摆放一张穿鞋椅。如果没有多余角落摆放，则可善用设计巧思，将穿鞋椅与柜体一体规划，只要通过挪移，需要时拉出，使用完毕再收回，便能充分利用空间，赋予使用弹性。

❾ 个玄关"好收纳"
的细部设计

抽屉柜·衣帽柜·双门柜·端景柜·上下柜

玄关占据面积虽然不大，却必须要有"麻雀虽小，五脏俱全"的超强收纳功能，满足一家大小进出家门时，每个人的鞋子、衣帽、钥匙甚至端景装饰的摆放陈设需求。

细部 1　抽屉柜

通道型玄关如果空间充裕，可以两侧都规划柜体，一侧中间镂空配置平台，形塑层次景深，然后柜体下方设为抽屉柜，摆放钥匙、便鞋等，上方设为开门柜收纳外出鞋、安全帽等，满足不同物品收纳需求。

细部 2　悬空柜

如果担心玄关陈设柜子后显得体量过大，可以将柜子底部悬空、中间镶嵌平台，营造视觉轻盈感，当有亲友造访时，下方也可当成暂时的鞋子陈列处，维持通道净空。至于柜子内部收纳机制，配置能自行调整高度的抽换式层板，便能够依据鞋子或物品高度，进行有效收纳，不会浪费柜体空间。

伸缩层板

如果玄关空间宽敞，配置的柜体桶深较大，为了提高收纳效果以及摆放拿取方便，不妨将部分层板赋予抽拉式设计，只要简单一拉出，较后方区域可以再多摆一双鞋。

 端景柜

为了营造家居视野的开阔感，不想陈设大面积柜体，则可以陈设半腰高的端景柜，平台当成艺术品或装饰展示台，柜内则设计成鞋子收纳层板，适合家庭成员较少的住家。

细部 **5** 双门柜

有时候柜体顶天立地尺寸较高，如果只有单门，开关时难免会觉得费力，因此可以改为上下两扇门，然后通过双门柜的设计，将柜体依收纳物件或是家庭成员划分成不同区域，想拿取什么就开启哪扇门。

细部 **6** 双层鞋柜

如果柜体较深，除了设计抽拉层板，预算充足的话可采用双层式的鞋柜设计，柜体配置成前后两层，这样设计可大幅度提升收纳效果。后方整幅宽的收纳层板，可以用来摆放较不常使用的物品，如果想拿取物品，因为前侧层板只有一半宽度，沿着轨道能够左右轻便挪移，所以丝毫不受阻碍。

 上下柜

为了形塑玄关不同表情，柜体可以做些造型变化，比如规划上下柜。其中，下柜有抽屉摆放钥匙、零钱等小物件，也有层板陈列外出鞋；平台用来展示装饰品或盆栽，增添生活情趣；上柜则可收纳不常使用或者不想让小孩碰触的物品，还能修饰梁体。

 斜板鞋柜

玄关两侧空间深度不够时，可以将设计巧思转移到柜体内部，把水平层板改为斜板，这样手不用伸得特别进去，适合用在收纳室内拖鞋的下柜，拿取或收放都更加便捷。

 衣帽柜

希望玄关有多重收纳功能的屋主，除了鞋柜与杂物柜之外，可以规划衣帽柜，让造访客人有地方悬挂外套衣帽，屋主也能够在此摆放几件外出风衣或外套，不必老是多跑一趟更衣室。

7 个玄关 "好清洁" 的细部设计

系统板材 · 美耐板 · 地砖 · 不锈钢 · 镜子

玄关是门面又是进出家门的过渡地带，外出上班或上学所沾染的灰尘容易掉落累积于此，为了方便维持清洁，天地面所用材质需要耐擦不易脏。

 系统板材

系统板材因为表面为塑合板，因此定期擦拭去灰尘就可以维持原本的色感亮度，是很好保养的一种建材。

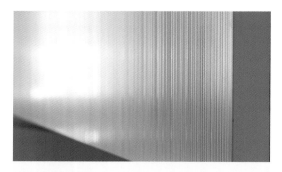

 美耐板

具有耐磨、耐高温与耐火等特质的美耐板，就清洁来说也是相当方便的，用布料沾水或者沾些温和清洁剂擦拭即可。如果美耐板表面有些小污渍，不妨使用树脂溶剂稍微擦拭，应该就可确保原本的光亮质地。

不锈钢把手

玄关收纳柜或鞋柜每天都要开开关关，不锈钢把手除了耐用外，还因为其光滑质地容易擦除灰尘，可以时时保持光泽度，加上不怕水，一条湿布即可还原其亮丽本貌。

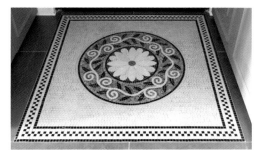

 半抛光砖

为了营造玄关情境，地板会装饰些拼花图案，但考虑到要好清理，不妨挑选半抛光地砖，其除了表层呈现的色感较为丰富外，还具有高硬度耐磨损、不容易渗水也不容易变色等优点，维护保养上不必费太多心思。

 镜面柜

一大面穿衣镜除了能够放大玄关空间尺度外，其平整光滑的特质也令其容易清洁，只要用一条干抹布或是报纸轻轻擦拭即可，切记不要用湿布，因为会让镜面残留水痕变得模糊不清。

 大理石

想彰显玄关高贵气势可铺设大理石地板，但大理石属于天然石材，具有毛细孔会吸附水气，所以清洁保养相当简单，只要经常扫地除尘即可，避免外出鞋夹带细沙落尘，造成表面刮损或堵塞毛细孔，失去石材应有的色调光泽。

 数字喷墨瓷砖

不必费心照顾的瓷砖，利用数字喷墨技术，可模拟出逼真的石材纹理，结合水刀切割与拼花设计，用于经常出入的玄关地面，质感大气却不会增加维护负担。

实用住宅收纳达人的玄关小笔记

从零开始规划前你需要想……

一人独居或夫妻同住： 玄关面积通常都不会太大，想要善尽其用，最好依据实际尺度与需求来做规划。如果是单身住家或夫妻新房，先考虑内外用鞋，以及会放置在玄关的物品有多少，再量身设计适当的柜体尺寸，也可以直接购买鞋柜，但造型要跟整体空间风格一致，并要预留未来增添新鞋的位置。至于想要有一面穿衣镜，可以跟柜体或立面结合，减少占用面积，还能藉此延展放大空间感。

一家人居住： 如果家庭成员超过三人且有大有小，玄关收纳柜建议沿着墙壁顶天立地设置，然后柜内划分多种收纳方式，有开放式、平台、层板、挂杆和抽屉等，不仅方便依据各式物品大小进行分类归位，也可依照成员分配固定位置，像小孩子的鞋子在下层、大人的鞋子在上层，提高使用效率与亲和度。另外，如果担心老少穿脱鞋没有安全依靠，可顺着角落摆张穿鞋椅，还是一种情境装饰呢。

需 求 清 单

☐ 开放柜	☐ 隐藏柜	☐ 悬挂杆
☐ 雨伞架	☐ 安全帽架	☐ 钥匙平台
☐ 外出鞋柜	☐ 内用鞋柜	☐ 高桶鞋柜
☐ 灯光照明	☐ 穿衣镜	☐ 穿鞋椅
☐ ___	☐ ___	☐ ___
☐ ___	☐ ___	☐ ___
☐ ___	☐ ___	☐ ___

玄关收纳柜规划范例

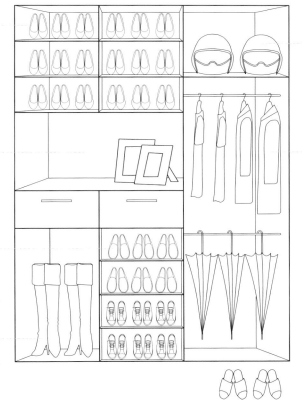

收纳系统化，外出鞋可依据常穿款或季节款，分置上层或下层。

柜体镶嵌平台雕塑层次感，也用来摆放钥匙与装饰品。

全家人外出鞋分配固定柜位，养成自行整理的良好生活习惯。

尺寸较高的高跟鞋与靴子，调整部分柜体尺度予以因应。

骑摩托车上班的人，可以另规划帽柜，进出门方便取放。

针对需要透气通风的外套与雨伞，设计吊杆悬挂。

结语

玄关算是住家门面，也位于进出动线关键要点上，除了换穿外出鞋与室内鞋之外，会有其他物件需收纳摆放于此，建议设定好使用情境，规划各自专门的储物范围，使物品条理有序地陈列其中，视野才不会显得混杂凌乱。

第3章

全家人最眷恋

客厅

还原空间，
开放格局天天可以举办派对

视野延展 + 明亮采光 + 清透隔断 + 立面表情

客厅讲究大气敞朗，生活在其间的屋主能够感到自在无拘，邀请亲朋好友相聚当成社交空间时，也能因其采光明亮、视野延展和动线流畅，给人留下好印象。

客厅
好视野

第1步
空间要开放

化解零碎视角，展现出格局气势

无论住宅面积大小，客厅往往是格局最宽敞、采光最明亮的区域，在设计装修过程中，应尽量破除零碎角落，展现方正、通透且开朗的视野背景，进一步提升生活质量以及展现空间美学。

既然客厅作为主要生活区域，是全家人回家相聚聊天、看电视或邀请朋友相聚的场所，为了让人感受到舒适自在的情境，首先应确保视野与光线能够通透延展，客厅与阳台、玄关、餐厅、书房之间，不妨采用活动隔断和透明门窗屏障，减少实墙阻碍，维系单一大格局气势。

接着，开放格局还可利用地板材质差异，或者顺势借助既有梁柱体，作为不同区域的划分依据，当然更可以直接使用家具当成行进动线依据。如此一来，视野与采光依旧保持通透串联，与其他格局互为景深，又得以兼顾实用便利性，让客厅趋于完美。

装饰立面背景，与生活辉映成趣

当客厅力求空间尺度最大化后，在开放通透的格局中，每一侧立面就变得很重要，除了电视主题墙诉求柜体造型、装饰摆设与灯光情境之外，其他墙壁端景也应该讲究整体性，赋予适当色系与装置，与渴求的生活风格辉映衬托。

像是沙发背景墙可以依据沙发家具款式，铺贴图案壁纸或是刷上乳胶漆，衬托风格演绎；如果客厅与书房彼此紧邻开放，书房中陈设的书柜或展示柜可以讲究造型结构变化，以有助于型塑公共区域的视觉张力；如果立面有规划收纳柜体，可以在门板装饰雕花或勾勒线条，妆点细节层次；端景处则不妨用来摆放收藏的艺术品或画作，汇聚视觉焦点进而丰富情境氛围。

轻隔断以及落地门窗同样可当成立面看待，安装镜面、有色玻璃、单色薄纱帘幕或是图腾布帘等装饰，只要能够衬托家具摆设、辅佐自然采光与人造光源即行。如此一来，已然宽敞通透的客厅衍生多重表情，怎么看都不会嫌腻。

关键点

来，
跟着建志这样做！

A. 格局重还原，破除畸零角落
B. 维持开放性，视野光线通透
C. 善用轻隔断，赋予使用弹性
D. 地板差异化，作为区域划分
E. 立面当背景，衬托和谐感受

化解讨人厌的梁柱体，
这几招最实用

包 覆 遮 掩 ＋ 对 称 美 感 ＋ 化 解 锐 角 ＋ 辅 佐 光 源

欲营造客厅的敞朗气势，必须还原空间尺度，但作为安全结构的梁柱无法拆除，因此必须加以包覆美化，力求一眼望去不觉突兀，方能感到自在利落。

可齐平修饰，也可借以延展尺度张力

客厅
好利落

第1步
梁柱要包覆

住宅建筑内存在的梁柱体，是为了确保结构坚固且安全，然而对于生活其间的人，梁柱容易形成视觉突兀，为此可通过设计装修予以掩饰。

鉴于梁柱体无法破坏拆除，所以大多选择包覆手法，将之与立面、屏障、柜体、吊隐式空调出风口等结构齐平设计，形塑出流畅平坦的视野，降低体量压迫感。如果是较大尺寸的十字梁或是高度较低的梁，则建议与降板天花造型结合，再辅佐间接光源，通过结构叠递层次，产生楼高提升的错觉，进而虚化梁体存在感。

另一种梁柱包覆手法，建议可以顺势沿着梁柱装饰线板造型，等于通过线性美学延展尺度张力，让梁柱成为装饰的一部分。至于有些用来界定空间区域的柱子，其实不必特别包覆掩饰，将其改成端景墙面即可，安装造型壁灯或悬挂画作，都能降低突兀感，增添生活情趣。

客厅
好利落

第 2 步
梁柱要造型

曲线造型勾勒，柔化空间视觉构成

如果不想单纯齐平包覆梁柱体，不妨因应整体客厅风格，施作圆弧造型设计。首先需依据梁柱大小而定，大体量装饰大圆弧、小体量勾勒小圆弧，再通过内凹或外凸的圆弧曲线，形塑不同的结构表情，增添层次变化。另外还有一种简单的圆弧修饰梁柱手法，那就是使用圆形实木条沿着梁柱边角包覆，同样有助于修饰锐利直角，进而柔化住宅视野。

针对客厅只有一根横梁或一根柱子的状况，建议采用两边对称或四边对称，另行设计立体结构作为空间装饰，如此既有效转移单一梁柱的突兀感，还可以利用内部空间作为空调出风口或隐藏式储物柜，增添实用功能。对于采光量比较不足的客厅，梁柱更容易形成压迫感，便可以考虑与照明设计结合，通过灯箱或流明天花板将结构隐于无形，营造利落明亮的空间视野。

关键点

来，
跟着建志这样做！

A. 梁柱要包覆，降低压迫感
B. 线条圆弧化，修掉锐直角
C. 对称做呼应，减少突兀感
D. 流明天花板，予以造型化
E. 辅佐间接光，虚化存在感

组织性收纳功能，
住再多年也历久弥新

重点陈设 + 多种类型 + 结合功能 + 坚固耐用

除了实际生活功能，客厅还具有展示品味与风格的目的。视听家电、收藏装饰品与日常生活用品必须物有所归，唯此客厅才能好看、好用并建构出不凡气势。

客厅
好实用

第1步
空间要善用

针对主要收纳需求，妥当配置柜体

为了在客厅建构出美观又实用的收纳功能，每一处空间都应该善尽其用，但又不能过多过满，否则容易造成视觉压迫。因此建议客厅仅针对电视展示柜与杂物收纳柜这两大主要收纳需求着手，家具装饰留待其他空间规划，借以烘托风格情境。

其中，电视展示柜作为视觉焦点，不妨依据风格演绎以及所展示的物品，借助材质、色彩与结构造型等设计手法，衬托出其独特性与精致度。像实木柜、金属柜、双色柜、方格柜、对称柜、单边柜等都可纳入考虑，如果还能串联电视柜，更能够形塑层次变化以免单调。

至于杂物收纳柜则可以追求于无形。隔断屏障、沙发背景墙或临窗半墙等，只要宽度与深度够，便能够加设柜体。再因应不同物品的收纳需求，决定是要开门柜、抽屉柜、上掀柜还是高柜、矮柜、端景柜。只要不干扰整体视野的宽敞明亮与生活的舒适自在即可。

第 2 步
功能要多元

● 因应不同物件，赋予柜体多种可能性

客厅柜体之所以强调要好看又实用，是因为在这个生活空间可以做很多事，例如看电视、唱卡拉 OK、看书、社交、发呆、泡茶或进行亲子互动，横跨公与私、理性与感性、热闹与宁静等不同需求。自然而然地，客厅内各处所摆放的视听家电、装饰品收藏、书报杂志等各式日常用品，唯有分门别类进行有序收纳，才能维系风格完整性与确保生活品质。

一般在规划客厅收纳功能时，总会比其他区域更讲究多元化，不仅需要涵盖电视柜、展示柜、书报柜、杂物柜等，最好还可以结合利用梁柱修饰结构、临窗坐榻、椅凳和茶几等附设或大或小的收纳储藏功能。如果考虑到空间面积不够，再把柜体当成客厅与玄关、卧室、书房、餐厅之间的隔断，赋予双面柜功能，都有助于大幅度提升坪效，打造简洁利落的客厅情境。

第 3 步
材质要慎选

● 柜体要坚固好保养，延长使用期限

既然客厅内的展示柜与储物柜有彰显生活风格的作用，加上还能够当成隔间结构，那么整体设计元素包括造型、色泽与材质都应更加讲究，尤其要坚固且好保养，才能历久弥新。

一般来说，柜体可区分成架构、门板、层板与五金等四个部分。其中，柜体架构可选用实木材质，好看又质感佳，只是需要细心保养维护；另外尚有夹板、木芯板、集成材或系统柜塑合板可以选择。它们各有优缺点，端看所需的造型变化、承重量与坚硬度如何来做决定。至于门板表面层贴皮、美耐板上特殊漆等做法，可以依据耐脏、耐磨、防潮与防火程度，选择符合空间风格与生活习惯的款式。

当然还有其他种类的柜体材料，像是不锈钢、铸铁、玻璃等，这些材料比较坚硬也容易清理，不妨用于局部柜体或展示层板，相信有助于替客厅营造别出心裁的视觉情境。

来，
跟着建志这样做！

A. 面面要俱到，橱柜隐于无形
B. 橱柜多样化，收纳各种物件
C. 结合功能性，提高使用效益
D. 柜体当隔断，减少空间占用
E. 材质重坚固，好维护好清洁

6 个客厅 "好使用" 的细部设计

卧榻·影音柜·家庭剧院·投影布幕·线槽

占据住家最大面积的客厅，是全家人相聚聊天或看电视的生活重心区，自然必须实用功能与空间美学并重，才能彰显气势并且流露专属品味。

 细部 1 卧榻收纳

客厅作为居家社交场所，除了基本沙发桌椅配备，为了满足多人共处一室时能够舒适自在，不妨沿着窗边规划卧榻当成临时座位，下方并规划收纳柜，依实际需求选择上掀式或抽屉式，以能收纳杂物并维系视野利落清爽为佳。

细部 2 影音机柜

凝聚视觉焦点所在的电视主墙，必须展现大气风范，尽量除了电视之外，影音杂物都予以妥善收纳。因此旁侧可以规划隐藏式影音柜，将 DVD 播放机、机顶盒、电线和插座等收纳其内，以暗管设计减少突兀混乱，但又不影响维修替换的便利性。

细部 3 线槽收线盖

所谓眼不见为净，从电视、机顶盒、DVD 播放机、喇叭到延长线，依附电视主墙的每一个设备都有一条电线，全部交错容易显得混乱无章，这时候便可以在影音柜设计线槽收线盖，尽量把线路收束统整在内进行隐藏遮掩，确保客厅视觉上美观。

 家电遥控器收纳抽屉

除了电器线路，每款视听家电都附有遥控器，全部随意摆放同样不甚美观，所以影音柜可以专门空出一格抽屉收纳遥控器，拿取有据，能够养成良好的生活习惯。

 电动投影布幕

如果想把客厅当成社交娱乐场所，除了电视这个基本配备，可以添加电动投影布幕与投影机，赋予多重情境转换的可能性，满足收看体育赛事、电影影集、唱卡拉OK等需求，又不至于影响平时客厅的休闲放松感受。

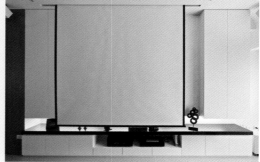

细部6 隐藏式家庭剧院

有的住家会将客厅规划成家庭剧院，但是如果一整套视听设备全部摆放出来，本该呈现的居家温馨氛围与风格营造容易遭受干扰而丧失，因此建议通过隐藏式收纳设计，把投影布幕、投影机和喇叭等全部隐藏在天花板内，不会占用客厅空间，又可以使用电动遥控收放自如，坐享家庭剧院无上乐趣。

⑦ 个客厅 "好收纳"
的细部设计

百叶柜·双面柜·隐藏柜·抽屉柜·方格柜

客厅有家电设备又有装饰陈列，必须完善建立展示收纳机制，将视野中的所有物品统整在和谐不突兀的风格之中，开敞明朗的气势以及舒适自在的情境便能不请自来。

百叶柜

收纳橱柜形形色色。针对客厅所陈设的视听家电设备，考虑到其有散热问题，所以建议采用百叶柜，在隐藏遮掩维系视野清爽之际，还能营造空气流通，避免热气聚集造成器材损害。

细部2 双面柜

对于面积较小，但需要大量收纳柜的住家，其实可以充分利用客厅与玄关之间的中介地带，将电视柜连同玄关柜一体架构成双面柜，不仅节省空间配置，也能够满足多元物品的摆放收纳需求。

细部3 隐藏柜

客厅具有展现生活品味的重责，又是观看电视的娱乐场所，所以主墙立面需有些许装饰陈设但又不宜过多，因此可以局部陈设开放式层板摆放艺术收藏品，局部则规划隐藏柜，收纳比较需要遮掩的物品，让视觉主题更加突显。

细部 4　抽屉柜

除了开放式的展示层板与隐藏式的开门柜，客厅电视柜也不妨设计成抽屉柜。因为比较无需规矩摆放陈列，所以可以将遥控器、视听线材、DVD 碟片等物品分门别类收纳。

细部 5　对称柜

因应客厅空间气势营造需求，可以于电视主墙左右两侧采用对称手法陈设柜体，连同下方电视柜一体形塑出利落大气感。加上其有开放式层板、开门柜与抽屉柜等不同配置，更提供多元收纳功能。

细部6 方格柜

想让客厅陈设更显风格造型，柜体其实可以做些设计变化，像是方格柜设计成或开或合的样式，既兼顾了展示需求与收纳需求，又从视野上呈现层次错落美感，增添住宅公共区域的观赏性。

 单边柜

如果考虑到空间结构，客厅无法规划太多柜体，则可以通过设计巧思，在客厅与玄关之间或客厅转进走廊之间，规划单边柜或转角柜满足收纳需求。条件许可的话，不妨利用凸出体量，既增加柜体深度，又可勾勒弧度线条，营造视觉趣味。

3 个客厅 "好清洁"
的细部设计

黑 色 玻 璃 · 清 玻 璃 · 不 锈 钢

既然作为生活空间重心，当邀请亲朋好友来到家里欢聚聊天时，客厅必须保持干净利落以给人留下好印象，所以设计与材质应该彼此应和，以求美观好清理。

 黑色玻璃

客厅想要有型又好整理，细项材质挑选很重要，尤其针对常开开合合的柜子，更需要容易维护与清理。像电视柜下方的影音机柜，如果想达到遮掩美观作用，不妨选择黑色玻璃门，将影音设备隐于无形，因可通过遥控操作故使用起来不受影响，还具有阻挡灰尘以及好擦拭等优点，能够大幅度节省打扫时间。

细部 2 清玻璃

除了黑色玻璃，因应空间风格演绎选择清玻璃同样具有好清理的优点，所以像柜门、展示层板或轻隔断屏风，都可以使用清玻璃材质，只要简单的干布或报纸便可擦拭干净，维系公共区域应有的明亮敞朗气势。

细部 3 不锈钢

整体空间中最容易受到污损的地方包括踢脚板，平时多会选择深色油漆作装饰，但如果预算充裕，可以包覆横条不锈钢板，除了能够保护柜体或墙壁，也好清洁维护，拖地时不必担心其受潮而污损腐败。

实用住宅收纳达人的客厅小笔记

从零开始规划前你需要想……

电视主墙： 作为客厅最重要的陈设装饰，应该选择适当的墙面规划成电视主墙，设计时应该兼顾实用功能与视觉美感，尤其因家电设备占主要部分，为了避免与空间风格产生不协调，只好依靠柜体与造型加以化解。决定好电视采取壁挂或直立后，可以在两侧规划对称柜体，或是在其下方摆放一字型柜体，将视听设备管线收纳其间，就能维持公共区域应呈现的利落清爽与大气风范。

电视隔间墙： 客厅万一没有适合的立面当成电视主墙，可以与紧邻的书房、餐厅隔间墙一体结合。为了形塑开敞视野，可以采取半开放式格局，设置半墙作为电视主墙，相关电器收纳柜或镶嵌或独立陈设都行，只要线路顺畅且方便维修就行。如果希望创造使用弹性，电视想要两面旋转，隔间墙应该借助设计巧思，进行有效安全的结构支撑，并且设备线路配置以及电视背后装饰也要一并考量，才能好看又好用。

需 求 清 单

☐ 电视	☐ 喇叭	☐ 放大器
☐ DVD 播放机柜	☐ 机顶盒柜	☐ DVD、CD 碟片柜
☐ 视听柜平台	☐ 杂物抽屉柜	☐ 收线槽
☐ 投影机	☐ 投影幕	☐ 卡拉 OK 设备
☐ _____	☐ _____	☐ _____
☐ _____	☐ _____	☐ _____
☐ _____	☐ _____	☐ _____

客厅电视柜规划范例

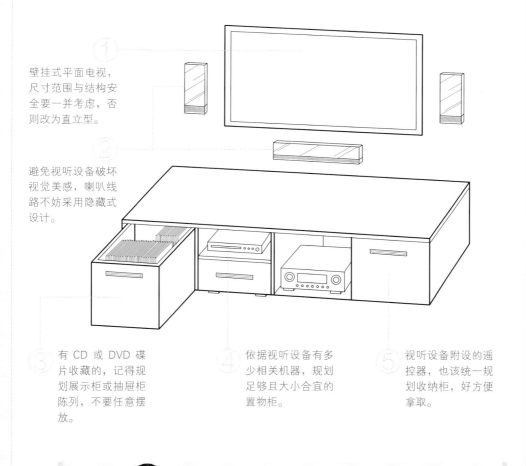

壁挂式平面电视，尺寸范围与结构安全要一并考虑，否则改为直立型。

避免视听设备破坏视觉美感，喇叭线路不妨采用隐藏式设计。

③ 有 CD 或 DVD 碟片收藏的，记得规划展示柜或抽屉柜陈列，不要任意摆放。

④ 依据视听设备有多少相关机器，规划足够且大小合宜的置物柜。

⑤ 视听设备附设的遥控器，也该统一规划收纳柜，好方便拿取。

结语

电视柜主要摆放视听设备，如何让硬梆梆的家电器材跟空间风格和谐相融，建议先确定欲陈设的电器种类与数量，再以此为依据规划柜体尺寸，然后兼顾视觉美感，通过面板或沟缝线等方式进行遮掩修饰，降低突兀感。

第4章

生活得心应手

餐厅厨房

中岛吧台，
全家人梦想的早午餐地点

空间中介 + 附设柜体 + 复合功能 + 组合变化

越来越多家居规划开放连贯的餐厅与厨房，因此在格局一体放大的前提之下，不妨再陈设中岛吧台作为中介，除了增添多重使用功能，也能丰富生活情境。

餐厨好设计

第1步
当餐厨中介

中岛吧台区分使用疆界，又能维系清爽视野

在餐厅与厨房呈现一体开放连贯的格局中，为了不影响视野通透，又能够清楚划分各自使用区域，以及有效遮掩厨房杂物用具以破坏到用餐情境，如果家居面积宽敞充裕的话，不妨设置中岛吧台作为中介。

有了中岛吧台后，借由结构体量高度，不仅可以遮挡炉具与厨具，面向厨房一侧下方还能够设计橱柜，放置烹煮器具、厨房家电与清洁用品，满足收纳需求；而朝向餐厅一侧则可以陈列吧台椅子。当大人下厨时还可以顺便看照小孩写作业，或是邀请朋友到家里聚餐时，可以边备料烹饪边聊天，让餐厅更融入生活。

中岛吧台除了作为空间中介，配置上还能够与餐桌进行组合排列，像是一体紧靠延展或者呈"T"形，都有助于拉近餐厅厨房的关系、营造层次感。如果家中邀请较多人聚餐，中岛吧台又可以当成另一张餐桌使用，增添便利性。

餐厨
好设计

第2步
复合多功能

● 中岛吧台形随功能，是厨房也是餐厅的延伸

中岛吧台也算是大体量家具，用来充实餐厅与厨房使用功能一点也不为过，因此建议善尽其用，让中岛吧台附设复合式多种功能。比如除了把台面当成备餐台、料理台或餐桌外，还能够与厨房热炒区做出区分，安装单个电磁炉，简单的煮开水、冲煮咖啡或制作轻食早午餐在中岛吧台就可轻松解决，减少厨房打扫清洁时间。

除此之外，中岛吧台可以当成厨具的延伸，量身安装洗手槽、饮水机、厨余回收桶等配备，下方再规划储物柜或家电柜，让厨房工作区不易显得拥挤。如果使用动线配置得宜，肯定还能避免手忙脚乱的窘况，提升下厨烹煮效率。同样的道理，中岛吧台也能够当成餐桌的延伸，运用巧思设计抽拉式隐藏台面或座椅，随不同需求扩展使用范围，让开放式餐厨空间享有形随功能的好处。

来，
跟着建志这样做！

A. 餐厨互串联，营造宽敞空间
B. 中岛当中介，划分使用区域
C. 善用高宽度，遮挡厨具杂物
D. 附设收纳柜，维系视觉清爽
E. 添加多功能，提升实用价值

灯光美气氛佳，
星级餐厅在我家

通透宽敞 + 丰富构成 + 家具摆设 + 光源情境

所谓民以食为天，餐厅与厨房是家居中不可或缺的生活场域，如果适当营造情境，不仅能够协助全家人用餐时增进情感交流，也能在社交宴客时提升客人好感度。

餐厨
好气氛

第1步
装饰要对味

餐厅作为家人交流情感的生活重心，以及宴请宾客的第二个社交场所，整体风格营造最好呼应空间基调，展现专属于屋主一家人的美学品味。天地面的装饰元素也需精心思量，辅佐用餐气氛，烘托出视觉与味觉双重享受。

无论何种风格营造，餐厅首重格局通透明亮，就算是独立区域也尽量坐拥充裕采光，确保用餐的舒适性。四周立面背景与柜体，除了运用线条造型勾勒视觉趣味，还可搭配油漆、木作、大理石、石材等不同材料，借由色泽纹理营造精致度。地板除了铺设单一材质，若想丰富整体视野构成的话，可以选择木质、石材或地砖进行双色或多色拼花，给人留下深刻印象。与地板相对应的天花板，除了齐平梁柱形塑利落张力，有时候装饰艺术线板或圆弧降板层次，肯定能够进一步提升空间气度，让人久待其间心情依旧愉悦自在。

餐厨
好气氛

第2步
陈设要用心

情境装饰与陈设，能够投射生活品味

除天地面装饰构成之外，家具陈设也是餐厅情境营造的重要一环。一般来说，餐桌椅的尺寸与款式挑选，跟格局大小与家庭成员数量有关，不宜过于拥挤造成视觉压迫，也不宜过于简略显得空洞冷清。餐桌是选择方形、矩形还是圆形，以及选用何种材质，主要是依据空间风格与视觉平衡与否而定。

有时候情境营造不能过于单一，需增添些许层次变化，因此餐桌椅的搭配不一定要成套，不同色泽样式的混搭对应，也能彰显屋主独特品味与个性。至于热爱接待亲友到家里用餐的屋主，餐桌建议选择可弹性折叠伸展的款式，平时餐厅能维持美观舒适性，聚会时又可增加容纳人数，是一举两得的良策。

当然情境营造永远少不了灯光，因此餐厅适合在天花板垂降一盏造型吊灯，借由光源引导视线聚焦在餐桌上，进而烘托出或奢华或摩登或温馨的用餐气氛，让人倍感尊宠。

关键点

来，
跟着建志这样做！

A. 柜体要充足，物件皆定位
B. 立面求清雅，烘托空间感
C. 天地展风情，风格更鲜明
D. 家具精挑选，突显独特性
E. 辅佐光情境，温馨溢满室

餐厅厨房完善收纳，
在家轻松化身料理大师

柜 体 要 够 ＋ 动 线 要 顾 ＋ 功 能 要 多 ＋ 材 质 要 选

优雅自在的烹饪与用餐情境，仰赖厨具、炉具或锅碗瓢盆等生活用品，经过符合使用需求的巧思设计后，配置在流畅的行进动线上以及充裕多样的收纳橱柜内。

餐厨
好使用

第1步
空间不浪费

比起客厅，餐厨区域需要收纳的物品属于中小尺寸，数量也较多，于是在不影响烹饪时的操作便利、光线照明、动线流畅与用餐情境等前提下，每一侧立面都应该善尽其用不闲置，陈列最适当的收纳柜体。

像厨房依据既有格局条件，可规划上下柜、"L"形柜、"冂"形柜、转角柜等，餐厅则以营造情境铺陈的端景柜、展示柜或隔断柜为主。如此一来，因为收纳机制多且广，在家下厨或用餐，肯定能够条理有序而不会自乱阵脚。

如果空间条件还允许，餐厅与厨房之间可以再加设吧台，等于开创新的功能空间。如果台面还额外规划了电磁炉与水槽，它便能当成轻食料理区，不用老是占用厨房，增添清洁困扰。吧台下方则可以镶嵌烤箱、微波炉或酒柜，同样分担厨房功能，进一步营造清爽利落视野，并让家居多了一处可以惬意放松的休闲区域。

第2步
材质要慎选

● 防水防刮好清理，材质持久耐用有保障

鉴于餐厨区域很容易碰到油与水，也因为需要处理食材或清洁餐具，而得频繁走动与开关储柜，所以整体天地面、家具陈设和收纳柜体，所使用的材质都别忘了追求耐用、防水、防刮与好清洁等特质，才能延长其使用期限。

首先，天地面的构成部分，建议地板铺设超高硬度的耐磨地板或防滑地砖，除了防范遇水容易滑倒的问题，也能减少碰撞损害；墙壁立面则可铺饰瓷砖、马赛克或烤漆玻璃，不怕水也容易清洁擦拭；天花板则可使用硅酸钙板，耐久又耐潮。

接着，在家具柜体部分，属于作业区的料理台或中岛吧台，可以使用不锈钢、花砖或人造石，防止刮伤产生裂缝；餐桌就算使用木质的，记得在表层涂上防护漆加强保护；柜体面板举凡人造石、玻璃、钢琴烤漆、美耐板、不锈钢都适合，只要能够维系视觉明亮，又容易擦拭去水渍污垢，时常保持干净即可。

来，
跟着建志这样做！

A. 能用则当用，橱柜最大化
B. 橱柜当立面，收纳全隐藏
C. 橱柜合需求，使用才便利
D. 造型要美观，更要能耐用
E. 材质重坚固，防污好清理

7 个餐厅厨房 "好使用"
的细部设计

油烟拉门 · 饮水机 · 回收桶 · 厨下柜 · 中岛吧台

热爱下厨或是必须在家下厨的人，往往希望餐厅厨房设计成一个整体空间，彼此互为视野景深，功能情境也支援互补，使烹饪与用餐成为生活享受。

油烟拉门

开放式厨房蔚为风尚，餐厅与厨房的关系更加紧密，只是考虑到烹煮时，油烟外窜会影响到生活品质与用餐情境，因此餐厅与厨房间不妨陈设一道玻璃拉门，随需求或开或合，在确保视野与光线的延展串联不受影响之外，油烟又能够被有效隔绝，维持整体空间的干净整洁。

 可开启管道间

厨房的整体陈设配置，有时候好用要比好看更为重要，特别是遇到需要维修时，如果水电管道皆为暗管，隐藏在墙壁之内，便必须付出较高的预算进行更换。所以建议像是水槽管道间采用可开启式，如果发生堵塞或漏水问题，一开启便可查明原因顺便进行维修，以免劳师动众。

 饮水机

善用现代生活科技，也能有效提升餐厨区域的使用便利性。像是水槽处可以另外安装直接给水的厨下型饮水机，不仅容易与水管管道连接，也不必担心出水遗漏造成清洁困扰，而且通过温度控制面板，要喝冷水或热水便可一指操控搞定，相当人性化。

细部4 厨余回收桶

担心厨余垃圾在餐厨空间内衍生异味或影响视觉美观，建议可以安装厨下型厨余回收桶，这样它便能够与厨具、中岛吧台或柜体结合，丝毫不觉突兀又能有效遮盖。当想拿取清洗时，简单开启下柜即可，完全不会造成生活困扰。

细部5 多功能小吧台

如果家中成员简单，只有一人或夫妻俩居住，或者餐厨空间不足，无法陈设中岛吧台、餐桌椅等基本配备，则不妨安装小吧台作为用餐区就好，然后再善用柜体内部，规划成收纳橱柜，放置锅碗瓢盆等生活用品，提高空间使用率。

细部 6 厨下型烘碗机

以前经常将烘碗机陈设在厨房上柜，导致使用者身高不够而显得不方便。想营造更为人性化的厨房空间，建议烘碗机、微波炉或烤箱等设备都改成厨下型，如此一来洗完碗直接就可放入烘碗机，不必再辛苦踮脚，清洗时也能轻松顺手。

细部 7 中岛吧台

开放式的餐厨关系，除了陈设拉门做出疆域划分，还可以规划中岛吧台作为中介。于是家居中除了有一处敞朗餐厅满足家族聚会或亲友社交需求外，还因为多了一个吧台，平时一人可以在此简单享用轻食，不必担心善后麻烦，并且增加了收纳橱柜，充分活用空间满足多重使用情境。

❾ 个餐厅厨房 "好收纳"
的细部设计

中岛柜 · 家电柜 · 转角柜 · 卷门柜 · 上下柜

蔚为风尚的餐厨一体开放空间,如何避免锅碗瓢盆或是厨房家电造成用餐情境受到干扰,需仰赖设计巧思配置各式收纳功能予以化解。

 细部1

中岛柜

厨房用品不仅仅种类繁多,尺寸还有大有小。为了不造成空间紊乱,影响到一体开放连贯的餐厅氛围,若空间足够,不妨陈设中岛柜作为中介,既可稍微遮蔽厨具配备,也能化身成收纳橱柜,维持视野清爽利落。

细部2 畸零柜

收纳功能要充足，千万不要放过畸零角落，像冰箱旁侧和上方都可以通过木作，量身订制出不同形式的橱柜，或是抽拉式、或是上掀式、或是拖移式，只要能够同时兼顾操作便利性，都不应该闲置浪费。

细部3 家电柜

设备齐全的厨房，肯定少不了冰箱、电饭锅、微波炉、蒸烤箱等厨用家电，为了能够统一配置电线管道，以及避免与水槽、煤气炉紧邻造成安全隐患，建议统一在一个区域规划独立家电柜。这样也能确保厨房其他立面设计维系和谐美感，不会被家电设备所影响。

细部 **4** 转角柜

如果因应格局条件，必须挑选"L"型厨具，那么收纳橱柜千万不要浪费转角地带。幸好随着技术提升，以及厂商也了解到大众需求，新的整体厨柜五金皆有可以轻易折叠收拉的转角柜，不会造成开启困难，又充分利用到橱柜内部每一寸空间，增强收纳功能。

细部5 温控酒柜

现代人越来越讲究生活风格，因此针对喜爱品尝世界各地红白酒的人而言，不妨将餐厨空间中的中岛吧台与温控酒柜结合，既可当成空间装饰，又可以让藏酒有地方保存摆放，维持藏酒应有的品质口感。

细部6 大怪物柜

看国外影视常会发现他们的厨房里，有个狭长柜用来摆放无需冷藏保温的零食干粮。因此建议如果厨房有剩余空间，比如冰箱与家电柜之间还有空隙，不妨规划拉启式的大怪物柜，让厨房多一种实用收纳功能。

细部7 卷门柜

有些风格鲜明的厨房，担心被抽油烟机、炉具或家电设备破坏整体性，建议陈设卷门柜，像拉门一样能够随需求决定开合。当有亲友同事到访，便可以合上卷门变成单纯立面，让大家感受精心营造的风格情境，但只有自己在家下厨时，则应予以开启，维持原有厨房的实用功能。

细部8 伸缩层板

如果嫌开门柜或上下柜操作麻烦的话，可以量身订制、依据尺寸深浅高低，规划伸缩层板，放置比较需要透气、阴干的家电或常用生活物品。如此便能通过简单轻松的拉收动作拿取物品，不必老是要蹲着或站高才能寻觅摆设在柜后侧的东西，从而提高下厨效率。

上下柜

最基本的厨房收纳陈设就是上下柜，除了可以善用空间不闲置浪费，还能够提供多种收纳可能性。像是比较少用或担心小孩拿取的东西可以摆放在上柜，跟烹煮、用餐有关的碗筷汤匙刀叉则放置在下柜，方便全家人随时拿取。同时上柜可以结合抽油烟机，下柜可以隐藏水管通道，也有助于修饰视野，美化厨房环境。

5 个餐厅厨房"好清洁"
的细部设计

烤漆玻璃·流明天花板·大理石·不锈钢

餐厅厨房总是跟水电、柴米油盐酱醋茶扯上关系，因此时时确保环境卫生与视野明亮，才能天天拥有好心情，烹煮健康美味三餐与家人共享天伦之乐。

 烤漆玻璃

针对容易沾染油烟污垢的厨房，厨具、橱柜和立面的材质选用要考虑到防水、防刮以及防污，这样才容易维护好清理。特别是陈列炉具、抽油烟机与水槽的立面，可以整面铺设黑色烤漆波璃，因为它的表面晶亮、不会渗水又不容易累积污垢，即使脏了也可以简单地擦拭干净，很适合运用在厨房。

 流明天花板

想让厨房看起来干净清爽，照明亮度很重要。如果厨房格局并无对外窗，建议规划大面流明天花板营造通亮情境，加上是亚克力罩，容易拆卸好清理，时时能维持均匀明亮感受。

 人造石、大理石

餐厅一侧陈设的餐柜，其平台无论作为装饰展示台还是备餐台，都容易堆积灰尘或留下水渍。建议设计施作人造石或大理石台面，只要轻轻擦拭即可维持表层的晶亮平滑感。

 玻璃隔层

通常为了散热，厨房内的家电柜都设计成开架式，但有时候水蒸气仍会造成木作柜体受潮。这时候可以在摆放微波炉、电饭锅的层板上方，贴一片玻璃防止热气与水气渗透，又方便擦拭清理。

 不锈钢

立面背板、炉具台面、抽油烟机和水槽，都可以尽量使用不锈钢作为表面材质，因为不锈钢具有防水、防刮、防腐功能，更能够保护厨具橱柜结构，打扫清理也只需要简单水洗擦拭即可。

实用住宅收纳达人的餐厅厨房小笔记

从零开始规划前你需要想……

开放厨房： 现在家居都流行餐厅与厨房紧邻开放，营造宽敞延展的空间视野。也正是因为这样，厨房成为公共区域一部分之后，规划上更需要设计巧思予以美化，才不会显得凌乱。所以如果空间尺度允许，应该在餐厅与厨房之间配置中岛吧台或是半高吧台，除了用来界定餐厅、厨房各自使用区域，还可以适宜地遮掩厨房炉具，并作为储物柜满足收纳需求，进一步营造清爽干净的视野。

独立厨房： 鉴于大家烹煮习惯偏向传统热炒，喜爱厨房独立一区的住家，整体规划应重视完整而不紊乱的配置。建议先依据空间尺度，量身陈设一字型、"L"形或"门"形厨具，然后再化繁为简，挑选重点家电设备摆放在厨房之内，其余餐具或备品不妨转移至餐厅区域，借以提升使用便捷度，降低动线交错打结的机会。如果担心独立格局采光不足，有对外窗就尽量保留，没有的话便安装流明天花板或加装灯具，强化整体照明。

需 求 清 单

☐ 餐具柜	☐ 杯具柜	☐ 刀叉柜
☐ 酱料柜	☐ 备料柜	☐ 餐巾柜
☐ 微波炉	☐ 饮水机	☐ 电饭锅
☐ 烤箱	☐ 咖啡机	☐ 洗碗机
☐ _____	☐ _____	☐ _____
☐ _____	☐ _____	☐ _____
☐ _____	☐ _____	☐ _____

餐厅厨房储藏柜规划范例

① 分担厨房部分功能，微波炉和烤箱等家电与储物柜一体整合，节省空间。

② 调理轻食常用的电饭锅，可以摆放在抽拉式层板上，方便操作。

③ 卫生纸、酱料罐等备用品，规划隐藏式收纳柜予以遮掩。

④ 介于厨房与餐厅之间的储物柜摆放饮水机，方便喝水或泡茶、泡咖啡。

⑤ 用餐少不了的碗盘刀叉等器具，分门别类摆放，使用会更顺手。

结语

餐厅跟厨房共享的储物柜，着重在类型多样上设计，最好同时有开放、抽屉、上柜与收纳柜等，顺应餐具、备料、家电等不同收纳需求。另外，家电使用的电线与插头配置应尽量靠近陈设位置，免得线路拉太长，破坏视野美观。

第5章

空间利用率大增

多功能房

透明隔断法，
让空间看起来比实际大得多

半墙屏障 + 透明隔断 + 串联延展 + 互为景深

多功能房的定义跟其他房间有所不同，它既是公共区域也具有私密性。因此空间配置应该跳脱既有规范，尝试通过开放视野或是轻隔断，强化本身多元使用弹性。

在视野延展中，建构多重生活风景

如果家庭成员较少或者夫妻刚新婚成家，家中多出一间卧室，建议把面积最小的那一间，或者靠近公共区域的那一间改成多功能房，这样一来不仅可以提高坪效，也能充实生活功能。加上确认结构安全无虞、房间隔墙能够予以拆除的话，更是有助于多功能房融入客厅、餐厅与走道，扩展居家生活视野，营造开敞格局气势。

随着隔墙的移除以及格局的开放，置身多功能房不再觉得拥挤促狭。如果仍需做出疆域界定，通过型塑地板高低落差或铺设相异地板材质即可。这样，各空间不会相互干扰，彼此串联一体互为景深，也不影响多功能房被当成全家人的书房时，大人就近照看小孩写功课与看书的便利性，甚至对喜欢边上网边看电视的人来说，多功能房与客厅紧邻开放的空间配置，轻易就能满足这项需求。

多功能房好宽敞

第2步
隔断要清透

① **开放又独立，享受完整生活情境**

打掉多功能房的隔断墙之后，除了借由地板差异作为区域界定，在不影响视野延展穿透作为前提下，其实也可以采用轻隔断布局，象是砌立半高墙体当成中介，或者陈设整面透明落地玻璃、玻璃格子门等，都可以维系开放空间基调，又享有完整情境。

关于多功能房的半墙设置，建议可以与沙发、书桌紧邻依靠，甚至直接一体成形也无妨，这样划分有所依据，又大幅减少占用空间面积。而透明玻璃隔断可以与半墙结合适用，或者整体采用落地玻璃，都能型塑无碍视野与空间延展张力，端看空间条件与屋主喜好。至于格子门的采用是基于风格考量，像住家演绎的是古典风或乡村风，便可以采用格子门镶嵌玻璃当成隔断，缓和实墙带来的压迫感；如果是其他风格，可以参考格栅、铁件、布幔等手法，只要保持视野串联就好。

第3步
风格要和谐

● 内外相互呼应，整体视野更加融洽

既然隔断墙需要考虑与整体风格契不契合，那么多功能房采取了开放格局，其本身的情境营造，也最好跟公共区域互相呼应。如此才能借由统一色调或材质，构成一个视觉整体，进而扩张空间感。

在设计细节上，可以从书桌椅、立面柜体的材质与色泽着手，像是让多功能房的立面背景，与客厅、餐厅或走道属于同一调性，借由视觉的和谐相融产生一体延展，然后柜体、书桌进行跳色对比，多功能房便能营造层次变化，又不会流于平淡。另外，可以赋予书柜、展示柜、收纳柜独特造型，有助于提升空间品位并丰富居家风景。特别是多功能房有时候被当成书房、客房或游戏室，汇聚多种风情于一室，那就保持简单统一的基底，再由局部重点，呈现或沉静或温馨或缤纷的情境焦点。

关键点

来，
跟着建志这样做！

A. 用开放格局，营造大视野
B. 彼此当景深，自在又舒适
C. 半墙当隔断，划分有依据
D. 清玻璃屏障，保证独立性
E. 风格相辉映，延展整体性

是书房也是客房，
把空间效益放大两倍

架高地板 + 完善收纳 + 隐藏床组 + 转换轻便

多功能房虽然主要被规划成书房，但为了提升使用坪效，还可以在结构中布局复合式功能，像是把架高地板当成床，或者安置折叠式床组，兼具客房睡眠功能。

第1步
功能要复合

赋予多用途，形塑丰富表情变化

既然定位为多功能房，顾名思义，整体空间陈设应该符合多元功能，当成书房时要有书柜，当成客房时要有卧床，当成游戏间时要有宽敞空间。天地面及每处角落都赋予复合巧思设计，以"麻雀虽小，五脏俱全"作为规划目标。

举例来说，像地板可予以架高，维持宽敞的活动范围，但铺上床垫后能变成卧床，同时下方空间配置柜子，也可增添收纳功能。当然只要预算许可，可以安装电动升降桌，弹指之间决定地板是床还是桌子。立面柜体可以将书柜、展示柜与储物柜整合在一起，通过或开架式或有门板的间错排列方式，便可赋予多用途并形塑丰富的表情变化。至于书桌，除一般书写功能之外，额外设计集线槽、事务机柜等机制，就能因应上网或工作的情境弹性转换。

第2步
陈设要简洁

不同情境转换之际，省时又省力

多功能房使用面积通常不会太大，却要因应使用便利性，以及空间效益能够放大两倍的诉求，必须同时容纳多重功能机制。所以为了避免环视视野尽被装潢物件充塞而显得狭隘让人不自在，整体空间在陈设布局上，更应该讲究清雅、简洁。

同时，为了使用者在转换不同情境时能够省时又省力，多功能房除了收纳柜体要充裕、使用功能要复合式、视野要维持开放等基本诉求，还应该尽量挑选活动式、折叠式或升降式家具摆设。如此一来，当书房要转变成客房，或者游戏室要变成书房，只需轻松挪移或组合桌椅柜体，便可调整出最适切的使用范围与情境，就算回复原状也不必花费太多力气与时间，让多功能房保有提升生活品质的美意，不会造成使用困扰。

来，
跟着建志这样做！

A. 地板设储柜，增加收纳量
B. 安装升降桌，使用更方便
C. 卧榻能当床，帮助省空间
D. 轻巧折叠床，转换不费力
E. 窗帘当隔断，确保隐私性

摆脱笨重书柜体量，
创意书房这样搭

重视收纳 + 层次错落 + 特殊造型 + 画龙点睛

基于半开放空间格局规划，以及兼作客房等多元用途，多功能房内的书柜设计，可以试着赋予造型变化，在满足收纳需求之际，形成视觉焦点，营造不同情境。

多功能房
好文青

第1步

柜体要造型

实用又好看，提升空间质感品位

想要摆脱书柜给人的笨重体量感受，当然要赋予创意造型。只是空间是否宽裕、容量是否充足、拿取是否方便等实际层面，仍然是设计重点。所以，建议先衡量自己想置放在多功能房的物品数量多寡，依此规划适当尺寸大小的柜体，再来考虑应该赋予何种造型变化。

书柜通常有一定的体量面积，不妨当成立面来思考该采用何种材质、色调以及造型。一般来说，柜体造型不会过于夸张，如果是开放式，就利用层板的线性美学，借以勾勒出造型趣味即可。像是直横线条呈现出错位、倾斜、弯曲或交错等不同几何构成，不仅不会繁琐复杂，还演绎出利落设计感。如果是隐藏式，则在门板表面进行图案或线条雕塑，也可搭配异材质拼贴，都能够让这一面柜墙实用又好看，凝聚为视觉焦点。

第 2 步
风格要契合

色系对应材质，烘托完整书香气息

既然把书柜当成立面看待了，所以造型讲究独特巧思之外，还要跟多功能房的整体风格契合才行，这样营造出的书香阅读情境才能合理又隽永。

关于情境营造，颜色或材质的选择是重点所在，因此想要书柜与空间风格契合，设计手法可归类成下列三种。第一，是呼应天地面或家具配置，书柜采用同种或相近的材质色系与纹理，营造出和谐一致性，书香气息更浓郁；第二，大胆采用跳色技法，也就是书柜跟立面在色系或材质上，呈现出较为深邃或明亮的对比张力，借以增添空间活力，也突显书香气息；第三，依据整体空间演绎的是北欧风、Loft 风、东方风或古典风，设计适当的木作柜、铁件柜、古董柜或格子柜等书柜造型，由于造型、颜色与质感相映成趣，自然烘托出完整的书房气息。

关键点

来，
跟着建志这样做！

A. 依据藏书量，定柜体大小
B. 收纳重功能，拿取才顺手
C. 开合相错落，做层次变化
D. 线性几何美，简单又利落
E. 风格有对应，情境更完整

❼个多功能房"好使用"
的细部设计

事务机柜·电动升降桌·涂鸦墙·集线槽

如果住家有一间空房，不妨赋予多元功能，附设实用且符合不同使用情境的功能配备，争取更多生活可能性。

事务机柜

作为书房的多功能室，为了可以收纳电脑、打印机等相关配备，特地利用建筑立面空隙设计成事务机柜，并且依据物品尺寸，设计不同高度可方便拉取的层板，将打印机放置其中，不仅无损操作便利性，又避免占用桌面空间，一举数得。

 烤漆玻璃涂鸦墙

考虑到屋主工作时需要有笔记本或便利贴做备忘录，不妨善加利用既有空间，在书桌前方立面装设烤漆玻璃，只要用白板笔就可以进行手写记录，既方便擦拭又可清楚查看，另外也可以当成全家人的讯息留言墙，给读书的小孩、工作的大人彼此加油鼓励。

 升降桌

多功能房为了满足有时候作书房或休憩娱乐室、有时候则作客房这一需求，因此架高地板设置电动升降桌。升起时可以当成写作业的书桌，或者朋友相聚喝茶的下午茶桌，降平后地板铺上床垫，空间就转变成卧室，情境转换只在弹指之间。

细部 4　书柜照明

有些人会把书柜规划在多功能房内，因为多功能房空间有限，为了降低柜体可能产生的压迫感，以及增加整体空间照明亮度，不妨在书柜底板装设间接光源，营造明亮又具层次变化的情境氛围。

细部 5　集线槽

现代人生活已脱离不了 3C 设备，因此多功能房内，书桌可以预先设计隐藏式插座或集线槽，当电脑或手机需要插电时，简单开启便可使用。如此一来，庞杂线路也不会沿着地板或墙面交错蔓延，造成视野紊乱不美观。

伸缩抽盘

为了提高在家工作的效率与便利性，多功能房内陈设的书桌，如果需要摆放电脑设备，其实可以量身订制伸缩抽盘，让电脑主机或键盘可以随使用与否抽出或缩回，当需要维修时也更显轻松，不必再弯腰屈身挤到桌子底下，搞得满头大汗。

烤漆玻璃滑门

为了维持多功能房的功能多元性，像书柜等柜体可以设置烤漆玻璃滑门，一来可以遮挡物品营造清爽视野，二来门板可以当成留言板，记录工作或生活相关信息，同时清理上也更加容易，不会像开放式柜体那样容易堆积尘埃。

❾ 个多功能房"好收纳"
的细部设计

架高地板·开架书柜·上下柜·上掀柜·临窗卧榻

多功能房要符合多重使用目的，收纳规划更应具备布局巧思，尽量融入结构并减少占据面积，让小小空间发挥最大效益。

 架高地板

想要提升多功能房的实用价值，得规划出完善的收纳机制。除了善加利用四周立面外，不妨再把脑筋动到地板上，借由架高抬升，把下方空间转换成隐藏式收纳柜，如此依旧维持原有坐、卧、躺等功能，不会造成使用不便。

 上掀柜

架高地板后，下方收纳柜建议采用上掀式设计，除了开启动作最顺手，门板还可以利用五金作为支撑，拿取和放置东西时更顺畅，而且整个架高地板区分成数个收纳柜后，生活用品得以分门别类各自归位，想拿取也只要开启单一储藏格即可，相当便捷容易。

 齐平柜体

如果多功能房结构上有梁柱，可以陈设柜体予以修饰齐平，既增加收纳功能，又营造利落空间视野。然后柜体的开启设计，可以将开门柜与抽屉柜上下并置，使大面积体量因为被细分成不同尺寸，使用起来更具弹性。

开合柜

细部 **4**

有时候一整面开放式柜体，虽然同时满足书籍收纳与饰品展示需求，但还是有些生活杂物不适合公开陈列，需要予以遮掩。因此柜体不妨局部设计成开合柜，藉由门板达到修饰目的，加上因为形塑出结构层次，柜体有了表情变化，不会觉得单调。

5 双侧柜

就算多功能房用作练琴房，为了善用空间配置，还是可以在钢琴周围规划展示柜与收纳柜。展示柜用来摆放精美饰品，与钢琴相得益彰，烘托出生活品位；收纳柜的门板与抽屉则巧加设计，赋予线板花边，让实用功能兼顾视觉美观。

6 临窗卧榻

想要增添多功能房的使用情境，临窗处是很好发挥的地方，可沿着幅宽规划卧榻，不仅多了一处可以坐着看书、发呆或欣赏窗外景色的宁静角落，卧榻下方也能够利用空间深度，做成隐藏式收纳柜，进一步维系空间视野的清爽利落，让悠闲放松情境更加完整。

上下柜

如果担心整面柜体过于沉重压迫，不妨转化成上下柜，既可以形塑立体层次变化以及修饰梁体，又能够提供充裕空间满足收纳需求，中间地带当成置物平台，摆放书籍与饰品，等于提供另一种收纳机制，增添空间使用弹性。

 开放式书柜

对于藏书量很大的爱书人来说，兼作书房的多功能房，最好陈设一整面书柜才足够，这时建议采用整面开放式柜体设计，让人可以随性拿取或摆放书册。琳琅满目的书籍也能够成为空间装饰，在辅佐灯光照明下，营造出人文图书馆的氛围。

造型柜

造型柜可以不只有收纳储物功能，通过设计巧思也能辅佐立面情境营造。像柜体同时规划开放式跟隐藏式两种收纳方式，再予以错位排列组合后，便能够形塑出立体造型趣味变化，但不减其本身用来陈列或隐蔽物品的实用价值。

5 个多功能房 "好清洁" 的细部设计

平贴地板·抗刮地板·耐磨木地板·玻璃门板

为了因应不同生活情境转换，多功能房所使用的材质，最好耐用、耐脏以及容易清洁，确保在高频率使用状况下依然维持良好状态。

细部 1 整体板材

书桌使用次数频繁，而且要置放许多 3C 设备，所以表层必须要耐刮耐磨，才不易因东西挪移碰撞造成凹痕损害，加上考虑到书房应营造沉稳宁静气氛，桌面不妨使用深色木纹整体板材，既保温润闲情格调，清洁保养上又不会过于困难。

细部 2 平铺地板

当多功能房与住家其他区域并无明显隔断时，可以通过铺设不同材质的地板加以区分，但建议地板一体齐平，如此行进时不易发生意外，清洁时，使用吸尘器或拖把，也无需额外搬移挪动，更易于维护住家整洁。

细部3 抗刮地板

如果把多功能房当成小孩游戏空间，地板除了尽量保持平整，还应该挑选防滑、抗刮又坚固的材质。如此小孩行走跳动不易跌倒，玩玩具时也不易磨损地板造成刮痕。

细部4 超耐磨木地板

附设轮子的电脑椅，使用起来虽然流畅方便，但容易造成地板刮痕。因此建议铺设超耐磨木地板，可以提高防刮系数，不易在地板留下移动轨迹以及藏污纳垢，造成清洁难度。

细部5 玻璃门板

想让书籍或收藏品当成空间展示的一部分，但担心开放柜体容易堆积灰尘。不妨安装玻璃门片，既不会影响到视野的穿透，又能够有效遮挡灰尘，清洁时也只要用报纸或干抹布擦拭即可，可谓省时又省力。

实用住宅收纳达人的多功能房小笔记

从零开始规划前你需要想……

半开放格局： 大多数的多功能房都紧邻客厅或餐厅，等于是半个公共区域，所以规划上讲究实用与美观兼具，尽量与空间风格兼融。像轻隔断部分，尽量挑选视线可穿透的材质，空间得以延展并相映成趣；地板看需要与否借由落差区隔使用范围，而不影响格局的通透串联；整体陈设诉求简单扼要，不要显得累赘多余，柜体最好同时具备展示与收纳功能，隐藏生活杂物，突显精装书册或艺术品等收藏。

独立格局： 针对密闭式多功能房，规划方向端看屋主希望呈现何种情境。如果较常被当成书房或客房使用，柜体尽量与立面结构整合，形塑利落视野与层次景深，家具陈设则尽量采用可移动式，方便搬移进行用途转换。如果常被当成休闲室或运动房，除了基本家具配备之外，收纳空间可以通过设计巧思，隐于地板或坐榻之下，维持空间宽敞自在感，置身其间可以久待，不容易感觉有压力。

需　求　清　单		
☐ 书柜	☐ 饰品柜	☐ 杂志柜
☐ 电脑设备	☐ 上网设备	☐ 视听设备
☐ 防潮箱	☐ 保险柜	☐ 书桌
☐ 升降桌	☐ 坐榻	☐ 桌灯
☐ _____	☐ _____	☐ _____
☐ _____	☐ _____	☐ _____
☐ _____	☐ _____	☐ _____

多功能房书柜规划范例

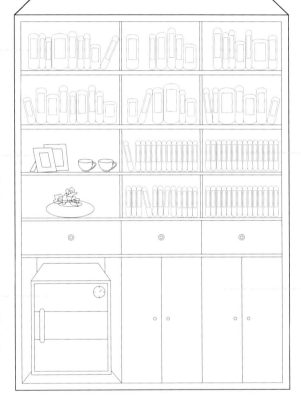

① 书籍种类尺寸不一，较少使用的书可以置放高层。

② 书柜也可适宜地规划平台，用来摆放装饰艺术品丰富空间意境。

③ 有防潮箱或保险柜需求的，可以量身定制适当的柜体进行镶嵌或收纳。

④ 小孩子的课外读物或常翻阅的书籍杂志，则规划在中层或下层书柜。

⑤ 不适合展示的物品，规划隐藏柜或抽屉柜予以遮掩修饰。

结语

虽然多功能房的定位较为私密，但因为介于公私区域之间，柜体仍需讲究造型美感，建议可以把收藏的书籍跟艺术品当成展示主角，较少用到的生活杂物则隐于抽屉柜或门板之后，既营造清爽视野，柜体也呈现层次变化。

第6章

神清气爽超疗愈

卫浴间

超有品位气势，
打造饭店式卫浴间

宽敞格局 + 双人面盆 + 精品卫浴 + 材质讲究

想提升卫浴间品位与品质，可以仿效饭店规格，在宽敞格局中陈设精美设备，包括双人面盆、独立浴缸、美形马桶、大型柜体和优雅灯具。让家人天天沐浴在快乐幸福中。

卫浴
好气派

第1步
空间要宽敞

多多观察星级饭店的卫浴空间，会发现其面积往往要较为宽敞，才能衬托应有的尊贵气势与享受情境。因此想在家中打造饭店式卫浴间，首先在格局上必须进行调整，至少要能够配置充裕的收纳柜体、规划干湿分离、陈设双人面盆，以及摆放独立式浴缸，在这些盥洗卫浴设备齐全之后，还得保有余裕自在的行进动线。

有了足够宽敞的空间，便能确保使用起来不会有压迫感，每天从早上起床梳洗到晚上睡前盥洗，置身其间总能保持愉悦心情。另外，干湿分离的规划，或者双面盆的设置，除了有利于平时维护清理，如果夫妻俩同时使用，也不至于转个身就会发生碰撞，可大幅度提升卫浴间的使用性与亲和度。至于泡澡浴缸，无论是独立式、泥作砌成或具备按摩水疗功能，只要深度跟宽度能够容纳单人身形，生活享受瞬间升级。

第 2 步
设备要讲究

高格调品味，久待其间不会腻

对于喜欢泡澡或者把家中卫浴间当成一种私密疗愈空间的人来说，卫浴间除了要有宽敞格局气势之外，陈设配备也应当细心讲究，这样才能烘托出犹如星级饭店的高格调品味。尤其面盆、浴缸、马桶座等主要设施，不妨从精品品牌中挑选造型较为时尚、线条较为优雅的款式，营造不落俗套且高贵隽永的视觉美感。

同时，天地面的构成材质也应该一体呼应，使用大理石立面、木作天花板、钢板烤漆柜体、图腾花砖、马赛克砖、玻璃屏障、造型镜框等装饰元素，再适当辅佐灯饰照明，像是柔和间接光源连同重点式的投射灯或水晶灯，便能够映照出明亮洁净又精致非凡的空间印象，让人久待其间都不嫌腻。如果愿意对自己再奢侈一些，还可安装卫浴型防水视听设备，这样边泡澡边看电影、边上厕所边听音乐的享受情境不再梦幻遥远。

关键点

来，
跟着建志这样做！

A. 空间展尺度，营造纾压感
B. 干湿要分离，使用才方便
C. 设置双面盆，享受更升级
D. 设备求精美，气派有品味
E. 材质重质感，赏心又悦目

家里就是日式汤屋，
随时享受泡澡乐趣

泡澡浴缸 + 蒸汽设备 + 自然气息 + 引光纳景

喜欢在家享受生活的人，不妨参考日式汤屋规划，卫浴间使用带有自然韵味的材质营造休闲无压感受。再陈设大型浴缸，天天仿佛在户外泡澡，洗涤一身疲倦。

第1步
浴缸要舒适

想在自家卫浴间打造出日式汤屋悠闲、放松与温馨的情境，其实一点也不难！只要空间尺度够大，规划出干湿分离之后，再保留一定区域范围用来陈设桧木浴桶，或砌出方形浴缸，或沿着墙壁嵌入浴缸，浴缸的长度跟深度最好足够，如此才能全身浸泡，享受到泡澡乐趣。对于预算较为充足的人来说，浴缸不妨挑选有按摩功能的，然后一侧墙壁嵌入防水视听设备，可以边泡澡边听音乐或看影集，一点也不会觉得无聊。

无论泡澡池或浴缸，鉴于大尺寸构造，都有一定的高度与厚度，进出时需要抬腿跨脚，所以应该再附设阶梯、安全扶手等辅助设备，确保长辈与小孩不会踩空滑倒，提升使用安全性。另外，除了要远离电源避免触电，浴缸的出水与排水管线设计也需格外注意，最好预留维修孔，方便检查、维修与更换管线，延长使用寿命。

第 2 步
情境要悠哉

放松又纾压，进来就不想离开

浴缸是日式卫浴间的重心焦点，在材质挑选上，除了桧木之外，还可改铺贴带有自然纹理色泽的石材或瓷砖，对应周围的杉木天花板、大理石墙壁、板岩地板等空间其他构成，进一步烘托出休闲韵味。家里卫浴间有对外窗最好，可以善加利用引光纳景入内，让卫浴间犹如露天泡汤区，悠哉情境更加鲜明，如果没有对外窗，则建议辅佐灯光情境，通过多段式明暗或颜色变化，增添多重生活情趣。

规划完日式泡澡区后，预算允许的话，不妨加装蒸汽设备，泡完澡可以顺便享受蒸汽浴，有助于卸除工作压力与疲倦，周末假日更无需外出泡澡，在家即能获得无比满足。另外，对于没有对外窗的卫浴间，建议安装空气调节器，让浴室聚集的蒸汽与秽气可以排出；同样地，为了避免无对外窗造成的封闭压迫感，浴缸跟其他区域最好一体开放，或是隔断采用玻璃透明材质，有助于营造舒放无压感。

关键点

来，
跟着建志这样做！

A. 有了泡澡缸，才能叫汤屋
B. 材质藏自然，悠哉泡澡趣
C. 蒸气桑拿浴，身心好纾压
D. 临窗有风景，自在不无聊
E. 安全要兼顾，装防滑辅助

告别湿答答，
卫浴间变干爽其实很简单

干 湿 分 离 + 排 水 系 统 + 平 整 材 质 + 除 湿 设 备

每天都要使用的卫浴间，最忌讳到处湿答答，容易积垢又衍生异味，必须做好空间基础规划以及强化采光通风措施，必要时再辅助以除湿防潮设备，维持清爽干净。

卫浴
好清爽

第1步
排水要做好

无论是依照饭店情境或是日式汤屋来打造自家卫浴间，空间想永保美观舒适，就得不马虎地从基础工程做起，彻底化解卫浴间容易湿答答的窘况。

说起基础工程，乍一听会感觉牵涉较广且细，其实想让卫浴间变得清爽干净，并没想象中那么困难。首先，整间卫浴间的防水与排水基础设施要做足，尤其是进行旧屋改造的案例，管线应该重新配置，确保给水到排水的行进路径合理顺畅。然后内部配置成干湿分离格局，可避免洗澡时弄得整间卫浴间都湿答答的，甚至还积水，不易进出而发生安全疑虑，以及造成后续使用不方便。

接着着手强化排水系统设计，像是可以让淋浴区的地板稍微倾斜，引导水流顺势往出水孔排出，当然地板跟洗手面盆更可以加大排水孔、设置双排水孔或是改装长形排水槽，借由扩大排水量来降低积水发生机率，永保卫浴间干净舒适。

卫浴
好清爽

第2步
除湿不可少

强化除湿辅助设施，神清气爽好疗愈

想维持卫浴间的干爽，有赖于空间先天条件，最好有对外窗，可以强化采光与通风。如果没有对外窗的话，只好加装除湿与防潮设备，洗澡时启动，通过空气循环换气系统，加快干燥速度。另外，安装暖气机也同样有辅助通风的作用，冬季洗澡、泡澡也热烘烘的不易受寒。

想进一步减少卫浴间湿气，可开设气窗安装排气扇，门板也设计透气百叶，强化空气循环机制；然后天地面与陈设构成尽量使用防水材质，洗手台、浴缸、柜体和隔断等部分，则采用平整或平滑造型，如此便不易有沟缝与凹槽残留水渍，并容易擦拭清洁，维持空间神清气爽。

如果因预算缘故无法安装所有辅助设备，那就培养良好的生活习惯，洗完澡后立即顺手清洁，使用刮条或拖把将地板、墙壁或台面的积水清除，接着通过电风扇或是除湿机增加空气对流，都有助于降低湿气汇聚，加快干燥过程。

关键点

来，
跟着建志这样做！

A. 沐浴区独立，如厕区干爽
B. 加大排水孔，自然不积水
C. 材质讲平整，快速去水渍
D. 有开窗最好，采光通风佳
E. 装除湿设备，提升清爽度

9 个卫浴间 "好使用" 的细部设计

比起家中其他功能空间，卫浴间更重视防滑、防水、防潮等安全考虑，因此不妨添购相关辅助配备，确保使用起来舒适又无虞。

无障碍坡道·安全扶手·干湿分离·淋浴座椅

细部1 无障碍坡道

卫浴间的使用首重安全性，特别是家庭成员有长辈或小孩的情况。所以如果进出卫浴间时，地板有落差或门槛的，应该加以齐平或安装无障碍坡道，营造流畅行进动线，避免人绊倒受伤。

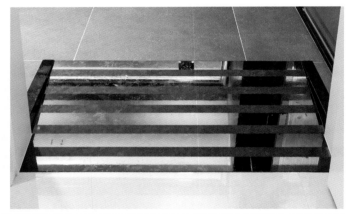

 卫生纸抽

整个卫浴空间经过规划后，除了有完善储物柜可以摆放盥洗用品，也别忘了在马桶旁设计好看又好用的卫生纸抽或置放柜，一来使用起来顺手，二来用完可以即时补充。

 淋浴座椅

家中有长辈或小孩，如果担心洗澡时容易因为湿滑而跌倒，可以摆放椅子或设置泥作的座椅，增加支撑依靠确保安全，同时也能辅助起身或转身，提升淋浴方便性。

 杂志柜

喜欢享受泡澡时光或者担心上厕所太无聊，不妨在卫浴间规划专门的杂志柜，摆放一些想看的书籍或杂志，随手即可拿取翻阅，又不必担心被水淋湿。而杂志柜建议跟其他柜体一体设计，减少占据面积，维持卫浴间宽敞的行进动线。

细部**5** 暖风机

冬季寒冷又潮湿，想在家舒舒服服盥洗或泡澡，不妨参考星级饭店，天花板配备暖风机，送出温暖空气，不必再担心沐浴更衣之际受凉感冒，加上其带有除湿功能，也能够维持卫浴间的清爽干净。

细部**6** 马桶起身扶手

为了提高卫浴间的使用安全性，应铺设防滑系数较高的地砖，也可以在马桶旁墙面附设起身扶手，只要有施力点就可以大幅度减少跌倒机率。

细部**7** 浴缸安全扶手

如果淋浴区是规划在浴缸内，那么除了记得安装防滑垫之外，墙壁更应该安装握把扶手，让人转身或进出浴缸时可以辅助支撑，减少摔倒碰撞意外。

针对客卫部分，如果其空间格局过小，为了充实使用功能，可以只设置马桶与淋浴区即可，而洗手区则移到外面通道，这样洗手不必一定要到卫浴间内，当有较多亲朋好友造访时，便可以节省彼此等待的时间。

 干湿分离

采用干湿分离的卫浴间，因为区分成两个不同使用区域，如果夫妻两人同时使用，可以一人盥洗一人梳洗，不仅方便使用且节省时间，打扫整理也更容易，不至于弄得整间卫浴间都湿答答的。

⑧ 个卫浴间 "好收纳"
的细部设计

泥作嵌柜·镜柜·双边柜·卫生纸柜·隔间柜

一堆盥洗梳洗用的瓶瓶罐罐，需要妥善合理收纳，才能确保卫浴间不会显得紊乱狭小，尤其柜体位置要适当、容量要适宜，使用时才能得心应手不别扭。

细部 **1** 泥作嵌柜

卫浴空间有限，东西一旦不好好归位，很容易显得杂乱，影响如厕或盥洗心情。因此收纳部分，除了陈设柜体，也要记得善用立面结构，像是在淋浴区做一泥作嵌柜，让盥洗用瓶罐摆放在此，既方便拿取，又不会在转身时撞倒物品。

细部 **2** 畸零空间层板

鉴于卫浴用品尺寸大多比较小，所以记得善用畸零角落配置储物柜，增加收纳容量。像洗手台附近的立面凹陷处或者柱体旁、梁体下，都可以规划成开放式层板，方便拿取物品也容易清理。

细部3 双边柜

善用设计巧思也能增加卫浴间可收纳机制，像是洗手台下方巧设柜体，除了正面可以开启放置毛巾、洗手液等备用品，侧边如果面向马桶，不妨也设计收纳柜，用来摆放卫生纸、生理用品，增加实用效果。

细部4 上下柜

既然畸零空间都不放过，洗手台上下方也都应该陈设收纳柜体，将牙膏、牙刷、洗面乳、化妆品等，以及担心小孩碰触的清洁用品放在上层，而卫生纸、毛巾等则可以放在下层，奉行分门别类的整齐收纳法则。

细部 **5**　洗手台柜

如果卫浴间已采用干湿分离，不再担心洗手区域积水潮湿，下方空间便可规划成储物柜，一来仍然可以开启方便维修，二来多了收纳空间用来放置卫浴用品，能够维持空间干净利落。

细部 **6**　卫生纸柜

卫浴空间较狭小，没有适当地方摆放卫生纸的话，那就利用紧邻马桶的洗手台下方，只要加装一方储物格，就可顺手抽取卫生纸，加上也有一定的隐蔽效果，能够维持视野情境的完整。

细部7 镜面滑门柜

鉴于卫浴空间深度不够，设置开门柜不方便全部开启，那么镜面柜不妨改设计成滑门，只要左右挪移便可拿取隐藏于后方的盥洗物品。

细部8 隔间柜

干湿分离的卫浴间，淋浴区与如厕区之间的隔断，可以设计成镂空收纳柜，赋予双面柜功用，两边不仅都可以摆放物品，拿取也更加方便，不必开门进出弄得满地湿。

5 个卫浴间 "好清洁" 的细部设计

从早到晚都会使用到的卫浴空间，各项设备容易积污纳垢，所以所用材质必须格外精心挑选，防滑、防水又防污，以维持应有的干净清爽。

泥作墩子 · 抿石子墙 · 洗手台面 · 长型排水孔

细部1 泥作墩子

卫浴空间不大，但打扫起来也是挺费心思的，所以最好规划时就做好万全考虑，像洗手台下方的空隙，可以用泥作墩子予以齐平再贴上地砖，便不必再担心积水后容易显脏，需要天天刷洗地板，就算脏了，也只要稍微拖地便可恢复干净模样。

细部2 抿石子墙

卫浴材质一定要有防潮作用，所以墙面除了铺贴瓷砖，也可以搭配抿石子做不同层次变化，尤其抿石子是石粒和泥料混合组成，能够产生一层有效隔绝渗透的保护膜，水不会外露也不会内渗，降低"壁癌"发生机率。

长形排水孔

积水是造成卫浴间容易显脏的主要原因，所以不仅使用的材质要防水，地板排水孔更要做好，像是以长形排水孔取代传统圆形排水孔，让水可以在最短时间内大量排出，维持干净清爽，自然就比较容易打扫清洁。

金属砖

墙面砖种类众多，如果想让卫浴间有不同的个性风格，可以选择颜色较深的金属砖。它除了不容易显脏，还同样具有防水、防潮、不易刮伤等特质，所以维护起来方便，清洗时也只要使用专门清洁剂便可轻易去除水垢。

洗手台面

洗手台几乎天天都会使用到，要洗手、洗脸，有时还在这里化妆或卸妆，所以台面设计成平整无沟缝，会比较不容易卡灰尘积污垢，清洁擦拭起来也较容易干净。

实用住宅收纳达人的卫浴间小笔记

从零开始规划前你需要想……

公用卫浴间：家里卫浴间不外乎分成两类，其中一种附属于公共区域，空间尺度不会太大，并以上厕所与洗手清洁为主要功能，因此在没有附设沐浴间的前提之下，可以简单配置柜体。比如，利用洗手台下柜提供收纳，储放卫生纸、洗手液或香皂等备品；洗手台面角落则陈设盆栽作为情境装饰，也能留给造访客人好印象；至于马桶附近除了陈设卫生纸架，还可以摆放杂志置物篮，供人上厕所时随手翻阅。

卧室卫浴间：虽然附属于卧室的卫浴间算是私密区域，但仍应该追求明亮、整齐与干净的情境，所以收纳柜配置可以依据干湿分离进行规划，突显物品皆有定位且取放方便的设计实用性。像沐浴区利用立面或隔断镶嵌层板，有秩序地摆放盥洗用具，而洗手台这侧陈设上下柜，满足大小不同物品的收纳需求。如果洗手台要充当化妆台，镜面四周再辅佐灯光照明，提升使用效益与便利性。

需 求 清 单		
☐ 上柜	☐ 镜柜	☐ 下柜
☐ 洗手台	☐ 盥洗用品柜	☐ 毛巾柜
☐ 卫生纸架	☐ 备品柜	☐ 伸缩镜
☐ 智能马桶座	☐ 防滑垫	☐ 安全扶手
☐ _____	☐ _____	☐ _____
☐ _____	☐ _____	☐ _____
☐ _____	☐ _____	☐ _____

卫浴收纳柜规划范例

每天都用得到的盥洗用具，可置放在开放层板上，方便拿取。

卫浴间少不了镜子，可以设置镜面柜，既有镜子，还额外增加收纳用途。

不妨加大洗手台面，就可以充当化妆台，摆放化妆用品。

像饭店一样，卫浴间规划毛巾柜，每天都有干净毛巾可以更换。

牙膏、牙刷和肥皂等备用品，可以设计专柜统一摆放。

洗手槽下方不要浪费，可设计成开门柜，摆放杂物又方便维修。

结语

如同其他功能空间，卫浴间储物柜最好依照需求量身配置，但更重要的是整体材质追求耐水、耐潮与耐用，因为卫浴间容易满布水气，所以台面平台、面板、层板等材质要慎选，免得过一阵子就发现损坏或腐坏，又得花一笔钱重新安装。

第7章

回家就像住饭店

卧房

一夜好眠，
温柔自在的寝居风情

视野无碍 + 收纳做足 + 色感协调 + 灯光辅助

家中最常待的地方就属卧室，身处其间无论休憩或是睡觉，都希望被自在、优雅、温馨又安心的气氛所围绕，好抚慰疲倦身心，进而补充生机能量。

力求还原尺度，带来自在生活感受

第1步
空间要清幽

想要夜夜好眠，卧室自然要维持舒适与幽静，空间不能过于拥挤压迫，物品不要散落得到处可见，陈设不宜过于琐碎累赘，否则既不美观又降低生活品质，进而影响睡眠情绪。

关于空间部分，尽量还原尺度，不宜有多余的陈设装潢，单纯借由宽敞无碍的视野，带来自由自在的生活感受。其中，收纳柜体是空间构成重点，如果能规划独立更衣室最好，没有办法的话，柜体可以尽量依附立面，像是善用床头、窗边或床尾，采用魔术戏法把柜体隐于立面，形塑出完整利落的空间风景。因为有了充足的柜体，物件皆有所归位，剩下的卧室陈设，最好所见之处只有用得到的寝具、床头柜与书桌椅，还有用来丰富情境的重点装饰，如此便不会陷入混乱之境，置身其间心情放松愉悦，休憩与睡觉不会感到一丝压力。

卧室
好好睡

第2步
风格要协调

降低视觉突兀感，更显舒适优雅

归属于感性生活层面的卧室，风格情境格外讲究和谐宜人，因此在营造手法上，建议从颜色、材质与灯光三方面着手。

首先，想在卧室展现亲和迷人之姿，同色系、相近色系或对比色系等颜色布局，都可以演绎出或清新或温馨或沉静的氛围，重点是应该降低视觉单调感与突兀感，让空间能够因为富含细节表情，更显舒服优雅。接着，从床头立面、柜体、床头柜、化妆台、窗帘到窗边卧榻，可以全部采用同一色系，但明度、亮度有所差异，材质质地也有所不同，赋予层次变化，空间更显隽永耐看。最后，灯光是情境营造的重要一环，通常卧室会选择柔和间接主光源，营造放松纾压感受；然后再于床头柜或书桌等处，安置不同高度与亮度的立灯、壁灯或桌灯，投射出层次分明又不失温馨的光影美感。

关键点

来，
跟着建志这样做！

A. 空间最大化，营造纾压感
B. 收纳是关键，杂物隐无形
C. 色调要和谐，培养好心情
D. 寝饰重质感，贴身好窝心
E. 柔和光情境，舒适又温馨

镁光灯焦点，
打造时尚女王更衣室

独立格局 + 多元机制 + 精致品味 + 照明情境

收纳各式衣物配件的更衣室，想真正令人羡慕，无论空间大或小，都应该重视合理的收纳规划，才不会让东西无法归位，造成视觉紊乱，并在取放时增添使用困扰。

第1步
功能要满足

多重收纳规格，提高使用便利性

卧室格局宽敞到足够配置走入式更衣室，已是一件令人羡慕的事，所以更应该好好规划，善用既有条件满足各项使用需求。

首先，记得使用动线要流畅，确保转身取放衣物仍有余地，不会发生碰撞才行；如果更衣室位于卧室与卫浴间之间的话，柜体更不可以阻挡到出入口，造成活动死角。第二，更衣室主要是用来收纳各式衣物，所以必需花点心思陈设适当柜体，最好同时有隐藏式、开放式、悬挂式、抽屉式等形式，才能满足大衣、衬衫、裤子、包包、鞋子、皮件、首饰等不同物件的摆放需求。第三，更衣室空间允许的话，柜体可以与化妆台整合，提供更完备的使用机制，穿脱衣服与卸妆化妆可以在同一个地方解决，如果还能配置洗手台则更加完美，可大幅度提高使用便利性。

第2步
陈设要精致

● 仿效精品专柜，实用与品位兼顾

解决了更衣室的收纳机制后，攸关视觉美感的材质与色调也很重要。如果是使用整体家具，可以挑选相近于住家或卧室风格基调的款式；如果是量身定制，则不妨参考服饰品牌精品店的规划手法。像柜体装饰线板或曲线造型，再辅佐不锈钢、镜面、皮革、壁纸等材质作为局部构成，有助于提升空间质感不落俗套。对于有典藏手表、首饰、皮件等精品的人，可以仿效销售展示柜台，额外设置独立柜体提供陈列，除了搭配时一目了然，也能兼顾实用与品位。

为了提升更衣室的实用性与情境美感，灯光这一环节不容忽视，建议不要规划太多种光源，避免造成色温不统一，也不宜有太多直照式灯具，采用柔和但明亮的照明，不仅可以纾缓眼睛，取放衣物以及搭配服装配件时更不易出错。

关键点

来，
跟着建志这样做！

A. 格局要独立，动线要顺畅
B. 柜体多元化，收纳没烦恼
C. 装饰精品化，美感更提升
D. 附设化妆台，定装超方便
E. 灯光也重要，搭配不出错

让小小主人翁
安心成长的儿童房

宽敞格局 + 明亮采光 + 色彩诠释 + 造型装饰

儿童房的建构应该多花费些心思，从空间颜色计划、活动行进安全、读书或睡眠的灯光情境，到家具柜体的陈列配置，都应该量身定制，创造出优质的成长环境。

卧室
好童趣

第1步
视野要鲜活

辅助色彩计划，突显空间明亮活力

儿童房的陈设布置，不太受季节性变化或生活品味所影响，反而跟使用者高度关联。因此基于创造一个适合小孩成长、学习与生活的环境，儿童房最好格局宽敞又有对外窗，以能形塑出明亮自在的空间布局，当小孩独处其中时不会担心害怕，可以衍生安心感，进行动态活动时，也不易碰撞发生意外。

确定了儿童房格局配置之后，装饰环节包括立面、家具与柜体，可以尽量赋予鲜艳但不刺激的色彩，尤其通过混搭方式，像是女孩房使用粉红色、粉紫色与白色搭配，男孩房则由不同深浅程度的蓝色系装饰，以有助于营造丰富的视觉活力。而书桌、床头与游戏区再安装足够的人造光源，除了能够提供辅助照明，也可强化鲜活配色的层次变化。

**卧室
好童趣**

第2步
家具要造型

● 跳脱呆板构成，提升小孩认同感

除了颜色计划可以替儿童房增添视觉趣味，举凡用来收纳书籍、玩具、衣物的柜体，用来读书做作业的桌椅，用来睡觉休息的卧床，以及天花板、隔断等空间构成，都可以通过设计巧思转换成独特造型，提供难忘的成长回忆。

像柜体面板由线条勾勒出立体层次，像安装有造型装饰的把手或窗帘，像隔墙有图案镂空营造穿透景深，像桌椅有弧度起伏修饰，像卧床有四柱床、车子或船等不同造型，因为这些设计完全跳脱僵固呆板的线条构成，让儿童房具有亲切认同感，想必小孩会更喜欢待在家里。

考虑到使用习惯与高度因素，儿童房家具陈设最好量身订制，再依年龄增长加以调整。而如果空间尺度有限，不妨将书桌、床与书柜沿着墙壁一体整合，减少量体压迫感，又能确保中央活动地带宽敞余裕。

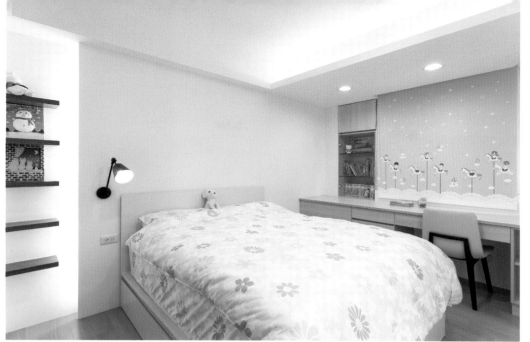

来，
跟着建志这样做！

A. 视野敞明亮，给予安心感
B. 空间无阻碍，行进保安全
C. 柜体可多元，也可一体化
D. 鲜艳多彩化，添朝气活力
E. 家具有造型，活泼又有趣

9 个卧房 "好使用" 的细部设计

隐藏式电视柜·暗门浴室·床头收纳柜·床头阅读灯·化妆台洗手盆

舒适、自在且无压的睡眠情境，是卧室最主要的陈设诉求，特别是整体搭配的家具、装饰品与灯具，应该契合实用需求，才能避免造成生活困扰。

 细部1 暗门浴室

睡眠空间最好保持优雅清爽，才能确保睡眠质量，所以为了避免破坏风格情调，浴室入门可以隐形于立面，通过暗门设计加以修饰，如此形塑平整利落的立面背景后，卧室更显得自在无压。

细部2 床头阅读灯

喜欢睡觉前看一会儿书的人，记得在床头安装阅读灯，卧室也能够借由这样一盏灯，营造入夜后的静谧安详气氛。另外，阅读灯还可当成夜灯使用，半夜起身上厕所开启，不会太亮刺激到眼睛，却能够提供适当照明，避免人行走时碰撞跌倒。

细部 3 隐藏式电视柜

除了浴室入门设计成隐藏式暗门，硬梆梆的家电设备也容易干扰睡眠情绪，所以建议通过设计巧思，将电视柜加以遮挡隐藏。像电视柜如果与衣柜一体整合，可以设计一道弹性门板遮挡，平时合上保持衣柜立面完整，欲看电视时再开启即可；如果没有适当墙面安装电视，则不妨将电视隐藏在柜体内，通过自动升降机制开启与收纳，轻松维持卧室风格的完整。

细部 4 床尾小起居室

对于住家空间面积较宽敞的人来说，为了卧室不至于太过空洞冷清，可以在床尾地带，摆放沙发与电视斗柜，打造成小起居室，充实卧室使用功能，以及彰显空间气势与格调。

担心睡觉时造成压迫感，床头要尽量避开梁体，然后利用梁下空间安装收纳柜，借以齐平修饰。但考虑到床头是卧室视觉焦点所在，柜体最好经过造型设计，并且赋予方便的开启机制，才能好看又好用。所以床头柜门板不妨装饰线条切割，然后采用按压式弹起功能，避免把手五金凸出，拿取东西时也方便操作不费力。

6 衣柜照明

有时候挑选外出衣物或是整理衣物时，会因为衣柜内较为阴暗，导致视野不清而略感不便，其实可以在衣柜内设计感应式照明，柜门一开启便自动发亮，提供适当照明，大幅度提升生活品质。

 化妆台附设洗手盆

对于女主人来说，卧室如果附设一间独立更衣室已很满足。但若是一旁还附设化妆台，化妆台旁再规划洗手盆，让盥洗、梳妆与定妆流程不必跑进跑出，更是臻至完美到令人羡慕。

 床尾衣柜

没办法配置独立更衣室，那就善用卧室既有空间，依据床尾宽度与深度，量身配置顶天立地的大衣柜，借以修饰梁柱营造利落视野，柜体内部再设计悬挂式、开放式与抽屉式等多元收纳功能，满足衣物、饰品或包包等不同物品摆放需求。

 床头平台收纳

如果空间尺度不够，卧床两侧无法陈设桌几，可以把平时用来收纳棉被、枕头等物件的床头柜平台，当成置放闹钟、手表或眼镜的地方，也可以摆放装饰品，辅佐间接光源照明，营造舒适柔和的睡眠情境。

⑩ 个卧房"好收纳"
的细部设计

卧室附设的衣柜或更衣室无论大小，规划重点都必须考虑使用动线与收纳功能，让衣物、包包与饰品均妥当归位又方便取放，维系卧室应有的舒适自在情境。

更衣室·化妆台·透气柜·香水柜·珠宝柜

 细部1 ### 走入式更衣室

想营造自在没有压迫感的睡眠空间，最好是建置足够的收纳系统，保持环伺立面的清雅利落。空间如果宽裕，建议配置独立走入式更衣室，让所有衣物饰品整齐收纳于此，完全跟睡眠区区隔开来。

细部2 珠宝饰品柜

有了独立更衣室后，不是有柜子收纳衣物就好，还需要依据品项尺寸的不同，规划适当的储物柜形式。像比较贵重的珠宝饰品，为了避免碰撞以及能清楚地罗列，可以设计一格一格的抽屉，整理起来既方便又一目了然。

细部3 香水柜

针对瓶瓶罐罐类的香水，考虑到其多为玻璃制品，为了避免碰撞破裂，也应该设计一个专门的收纳柜，建议采用格子状抽屉形式，一格放一瓶香水，取放顺手实用，如果男女主人各有不同收藏，还可以设计上下层或左右层，贴心设计契合需求。

 独立精品柜

虽然更衣室空间不大又隐秘，但还是可以增添品味情趣设计，像是参考精品店的收纳展示手法，在中间设计半人高独立精品柜，不仅能够充当置物桌，清玻璃台面也不影响视野穿透，无碍直视下方的饰品陈列，侧边还可以抽拉出来，方便拿取搭配。

 精品展示层板

如果购买了许多精品包包，回到家随意堆放实在太不应该。建议把更衣室当成展示间，设计有造型装饰、有照明辅助的收纳柜。一个个包包整齐排列，看起来格外赏心悦目，搭配时也容易对照与挑选。

细部 6 更衣室附设化妆台

更衣室在规划完衣柜后如果仍有空间，不妨再配置化妆台。桌体本身同样可以满足收纳需求，镜子两侧的开放层板则能用来摆放各式瓶罐。于是从穿着搭配到化妆造型，在同一个地方便可完成，不必再进出卧室与卫浴间，大幅度提升更衣室使用便利性。

细部 **7** 充分利用柜体径深

柜体径深较深的，应该充分利用
既有条件，发挥最大使用率。像
是柜内陈设前后两种层板，后方
层板用来放置过季衣物，前方层
板则是摆放当季常更换的衣物，
如此在增加收纳容量之际，又不
影响拿取与整理效率。

细部 **8** 充分利用柜体高度

一般来说，衣柜高度都超过一个
人高，所以不妨充分利用，将其
区分成下上两部分，配置不同的
收纳功能。像是上下都陈设吊杆，
用来分类悬挂衬衫、裤子或T恤，
另外还可以上方是开放式层板、
下方是抽屉，满足包包或饰品等
不同整理需要。

 透气柜

某些物品收纳时仍须保持透气通风，才不易散发异味，因此不妨在储物柜局部配置网状透气门板。刚清洗完的衣物或者皮革包包等，都可以存放在这一区，加上因为网状门板带有透视效果，整理收纳时容易找到位置，更方便实用。

 畸零柜

收纳空间要足够，得善用每个角落，梁体下方或柱体转角等畸零角落最好都不要放过。这间卧室便利用门口旁的梁下转角处，陈设量身定制的斗柜，其平台不仅可以展示饰品或置放生活小物件，下方也提供抽屉式储物空间，充实整体卧室的收纳容量。

5 个卧房 "好清洁" 的细部设计

美耐板·卷帘·壁布·玻璃·床头绷皮

家中最令人依恋的地方非卧室莫属。为了营造舒适的睡眠情境以及确保生活健康，卧室从立面装饰、桌椅床具到贴身寝饰，美观之外还应该讲究容易清洁，永保亮丽如新。

 美耐板

想要床头立面展现视觉趣味，又不想让立体结构或沟缝卡灰尘不易清理，建议使用美耐板作为装饰材料。它除了有不同颜色可供选择，还在于它好切割增加造型变化。更重要的是清洁时只要用一般湿布擦拭即可，若有污渍再沾些肥皂水便可洗掉。

 玻璃门板

若觉得单一衣柜门板单调，可用不同的材质进行混搭。像这间卧室，衣柜门片以壁纸与玻璃相间，再辅以白色木框收边，层次和谐又鲜明。其中，壁纸与床头立面产生呼应，玻璃则在光线映照下，折射隐约的色泽变幻，加上不易藏污纳垢，方便清洁，能够长久保持优雅亮丽。

细部 **4** 卷帘

儿童房更需重视环境清洁，确保小孩健康成长无虞。因此窗户可以搭配布料或塑料卷帘，除了有可爱的图案造型作为情境装饰，一旦有灰尘污渍也可以整个拆卸清洗，丝毫不会让人觉得麻烦。

细部 **3** 墙面无缝壁布

卧室主墙因为整面铺贴无缝壁布，不仅烘托出柔美雅致的睡眠情境，如有沾染灰尘只需用要吸尘器全面吸尘即可，打扫相当轻松方便。

细部 **5** 床头绷皮

卧室里，身体和头最常依靠的床头立面，应该特别挑选容易清洁的柔软材质，像人造皮革表面没有毛细孔，所以防水、防污又不易吃色，一旦有污渍只要擦拭即可，保养起来简单又省时。

实用住宅收纳达人的卧室小笔记

从零开始规划前你需要想……

更衣室： 如果住家面积够大且够用，主卧能规划一间更衣室，那么配置上需先设想好使用情境与动线。想把更衣室作为卧室与卫浴间之间的过渡地带的话，那么其格局宽度与深度都要足够，如此才能沿着两侧墙壁设置柜体，不会干扰到进出与取放衣物时的动作流畅度；若只是单纯作为独立衣物储藏室，鉴于无对外窗，所以必须强化照明、除湿与通风功能，既方便挑选搭配服饰，又能避免因时间一久而潮湿导致衣物发霉。

衣柜： 面积不足的主卧或是次卧，只好沿着墙壁陈设衣柜，但无论选择木作或整体家具，最好依据既有宽度、高度与梁柱位置量身规划，形构出齐平利落的视野，才不易显得突兀，影响到睡眠情境；至于衣柜内部应该充分利用，赋予开放式、悬挂式与抽屉式等多元收纳方式，才能因应不同种类服饰的需求，并记得预留可调整扩充性，因应未来购置新衣的收纳需求，否则一开始就装满柜子，之后才发现容量不够用。

需　求　清　单		
☐ 开放柜	☐ 抽屉柜	☐ 隐藏柜
☐ 皮件柜	☐ 包包柜	☐ 饰品柜
☐ 灯光照明	☐ 除湿机	☐ 芬香剂
☐ 穿衣镜	☐ 梳妆台	☐ 化妆品柜
☐ ＿＿＿＿＿	☐ ＿＿＿＿＿	☐ ＿＿＿＿＿
☐ ＿＿＿＿＿	☐ ＿＿＿＿＿	☐ ＿＿＿＿＿
☐ ＿＿＿＿＿	☐ ＿＿＿＿＿	☐ ＿＿＿＿＿

卧室衣柜规划范例

① 一年换一次的季节棉被套、床罩等，可以置放衣柜上层。

② 衣服有多种尺寸，收纳方式有所不同，短衣杆可以悬挂 T 恤或衬衫。

③ 确保隐私，贴身内衣裤可以有单独的抽屉柜。

④ 大衣、西装外套或长裤等不方便折叠的服饰，可以使用长衣杆。

⑤ 根据自己的饰品、包包数量，扩充适当的收纳柜或层板。

⑥ 非当季衣裤，整理好放进隐藏式储物柜内，可避免受潮。

 结语

重视材质与色系之外，衣柜使用频率很高，更需要依据空间条件、服饰尺寸和使用便捷度进行量身定制，提升有限范围内的柜位配置效率。为避免衣物容易沾染到灰尘，衣柜尽量设计门板加以遮掩，再强化通风机制避免发霉。

著作权合同登记号：13－2016－065

本书通过四川一览文化传播广告有限公司代理，经台湾
幸福空间有限公司授权出版。

图书在版编目（CIP）数据

家居收纳达人的装修计划书 / 周建志著. —福州：
福建科学技术出版社，2017.5
ISBN 978-7-5335-5264-0

Ⅰ.①家… Ⅱ.①周… Ⅲ.①住宅－室内装修－基本
知识 Ⅳ.①TU767

中国版本图书馆CIP数据核字（2017）第041082号

书　　名	**家居收纳达人的装修计划书**	
著　　者	周建志	
出版发行	海峡出版发行集团	
	福建科学技术出版社	
社　　址	福州市东水路76号（邮编350001）	
网　　址	www.fjstp.com	
经　　销	福建新华发行（集团）有限责任公司	
印　　刷	福建彩色印刷有限公司	
开　　本	700毫米×1000毫米　1/16	
印　　张	12	
图　　文	192码	
版　　次	2017年5月第1版	
印　　次	2017年5月第1次印刷	
书　　号	ISBN 978-7-5335-5264-0	
定　　价	55.00元	